倍速

100+100+100 $\overset{?}{=}$ 1000000

学习法

四年级数学（上）

人教版

总主编 刘增利

本册编写 师小荣

开明出版社

万向思维 教育家团队

北京/张光珞 小学语文 特级教师
北京/李光文 小学语文 特级教师
北京/赵景瑞 小学语文 特级教师
北京/曹全增 小学数学 特级教师
北京/朱德生 小学数学 特级教师
北京/王森 小学数学 特级教师
北京/王大绩 中学语文 特级教师
北京/王建民 中学数学 特级教师
北京/王乐君 中学英语 特级教师
北京/周誉蔼 中学物理 特级教师
北京/程耀先 中学化学 特级教师
北京/张立言 中学化学 高级教师
北京/徐执奉 中学政治 特级教师
北京/张增级 中学历史 高级教师
北京/李通 中学地理 高级教师
北京/李伯川 中学生物 特级教师
河北/潘鸿章 教授
河北/刘植义 教授
山西/田秀忠 中学语文 高级教师
山西/高格英 中学地理 特级教师
辽宁/张福建 中学物理 高级教师
辽宁/林淑芬 中学化学 高级教师
吉林/王鹏伟 教授
吉林/毛正文 副教授
江苏/曹惠玲 中学生物 高级教师
浙江/施储 中学数学 特级教师
浙江/金鹏 中学物理 特级教师
黑龙江/朱靖 副研究员
安徽/邢淀初 中学英语 特级教师
福建/江敬润 中学语文 高级教师
福建/李松华 中学化学 高级教师
江苏/齐远 中学英语 特级教师
河南/骆传枢 中学数学 特级教师
湖北/胡明道 中学语文 特级教师
湖北/夏正盛 中学化学 特级教师
安徽/章潼生 中学语文 高级教师
湖南/杨慧仙 副研究员
新疆/卢萍 中学英语 高级教师
新疆/王光曾 中学化学 高级教师
河南/陈达仁 中学语文 高级教师
广西/邓雍学 中学语文 特级教师
重庆/李开河 中学数学 高级教师
重庆/郑中和 中学英语 高级教师
湖南/周华辅 中学数学 高级教师
四川/田闻 中学化学 特级教师
贵州/龙纪文 副研究员
贵州/申萱行 中学政治 特级教师
广东/吴毅全 中学英语 特级教师
云南/杨淑筠 副教授
陕西/张载锡 中学物理 特级教师
甘肃/郑作慧 中学数学 特级教师
四川/周昌鲜 中学物理 特级教师

我的助理 为我服务 Just for You

总 主 编：刘增利
策划研发：万向思维研发部
研发统筹：吴雯霏
策划统筹：郭丽娜
学科统筹：张桂花
本册编写：师小荣

一轮校订：任晓明
二轮校订：辛 玲 杜慧娟
三轮校订：忽罗静
四轮校订：王妮娜 刘友谊 李永科
五轮校订：王佐锋

知识结构展示

- **单元漫画导读**：将每单元的知识点编成故事情节串联起来，让学生提前预知并整体把握本单元内容，寓学于乐
- **单元目标抢先看**：从知识、技能两个方面概括单元的学习目标
- **重、难点**
  - **教材知识讲坛**
    - 导入
      - 情境导入
      - 问题导入
    - 七嘴八舌：说出自己对某个问题的初步认识
    - 知识精讲：详细剖析每节知识点，其中囊括了易错点、易混淆点
  - **解题方法论坛**：精选与本节知识点相关的典型例题，剖析解题思路，教给学生解题方法，总结解题规律
  - **精选习题练练看**
    - 考题天天练：题量虽小，但题型经典，考查知识全面，针对性强
    - 新题精练台：题型新颖有趣，符合现代教育发展动态和新课标的要求

目录

我们之间的关系是十进制吧！哈哈，回家了，今天的球踢得真棒！！
我8号，你6号，连在一起不就是86，我是十位你是个位哈哈……
1568……读数时要从高位往下读哦！像我这样，一个台阶一个台阶。
注意安全，大东！
不对！我最左边比你多一个，也就是最高位比你大，其他都一样也比你大！
这么久！终于和你一样了，累死我了！
怎么这样！！
对，你们位数一样多，都是三，比最高位，如果最高位一样，就比第二位，这样子啊！
欢乐站
4舍
5入
这就是四舍五入，难怪我进不去呢。
嗨！我国的陆地面积是世界第三名，有9600000平方千米。
不对哦！那应该是约等于……

第一单元 大数的认识

单元目标抢先看

认识计数单位“万”“十万”“百万”“千万”和“亿”。知道亿以内及以上各个计数单位的名称和相邻两个单位之间的关系。 1

掌握数位顺序表，根据数级正确地读写大数，会比较大数的大小，会改写大数，会用“四舍五入”法求一个数的近似数。 2

体会和感受大数在日常生活中的应用，进一步培养分析、综合能力。 3

第一节 亿以内数的计数单位、数级、数位和读写方法

正确理解相邻的计数单位之间的关系及亿以内数的读写方法。如：87259637由8个千万、7个百万、2个十万、5个万、9个千、6个百、3个十和7个一组成的，读作八千七百二十五万九千六百三十七。

中间或末尾有0的数的读法，写数时0的占位。如六千三百四十万三千零五写作63403005。

教材知识讲坛

一、亿以内数的组成

情境导入

你能说出下图中的数各个数位上的数字表示多少吗？

北京市人口：13819000人

七嘴八舌

9表示9个千，1表示1个万。

8表示8个十万，3表示3个百万。

知识精讲

1. 亿以内数的认识及组成。

(1)2000 年第五次全国人口普查时，北京市人口已达到 13819000 人，这是一个八位数，最高位是千万位。

亿级		万级				个级			
…	亿位	千万位	百万位	十万位	万位	千位	百位	十位	个位
		1	3	8	1	9	0	0	0

↑1个千万　↑3个百万　↑8个十万　↑1个万　↑9个千

(2)亿以内的计数单位：①一万一万地数，10 个一万是十万，照这样数下去，10 个十万是一百万，10 个一百万是一千万，10 个一千万是一亿。②一(个)、十、百、千、万……亿都是计数单位，其中每相邻两个计数单位之间的进率都是十。

2. 数位顺序表的认识。

按照我国的计数习惯，从右边起，每四个数位是一级。

… 亿位　千万位　百万位　十万位　万位　千位　百位　十位　个位 → 数位

亿级（…亿位）　万级（千万位、百万位、十万位、万位）　个级（千位、百位、十位、个位）→ 数级

万级、亿级……这些都是数级。

个位、十位、百位、千位、万位、十万位、百万位、千万位、亿位……这些都是数位。

特别提示！

1. 数位和计数单位是不同的，数位是计数单位所处的位置，计数单位是指数位上数的单位。比如：千万位是数位，这个数位上的计数单位是千万，这个数位上的数字是几就表示有几个千万，如果这个数位上是6则表示6千万（60000000）。
2. 数位和几位数也是不同的，几位数表示含有几个数位的数，一个数只含有一个数字叫一位数，例如2。一个数含有四个数字叫做四位数，例如3214。
3. 一般不说0是几位数，所以最小的一位数是1。

我的空间 我来补充笔记

二、亿以内数的读法

问题导入

读出下面各数。

千万位	百万位	十万位	万位	千位	百位	十位	个位	
				2	4	9	6	读作：__________
2	4	9	6	0	0	0	0	读作：二千四百九十六万
	6	4	0	7	0	0	0	读作：__________
8	5	0	0	0	3	0	0	读作：八千五百万零三百

知识精讲

1. 读较大数时，首先要对这个数四位一分级，然后从高位起，一级一级地往下读。读万级的时候，按个级的读法来读，再在后面加“万”字。如：2496只占个级，读作二千四百九十六；640┆7000 每一级末尾的0都不读，因此这个数读作六百四十万七千；8500┆0300 万级和个级末尾的两个0不用读出，而个级开头有一个0要读出来，因此读作八千五百万零三百。

2. 亿以内数的读法：(1)先读万级，再读个级。(2)万级的数，要按照个级的数的读法来读，再在后面加一个“万”字。(3)每级末尾不管有几个0，都不读；中间或前面有一个0或连续几个0，都只读一个0。

三、亿以内数的写法

问题导入

写出下面各数。

千万位	百万位	十万位	万位	千位	百位	十位	个位
6	8	5	0	0	0	0	0

六千八百五十万：________________

三千零八十万：________________

一千五百六十九万三千：________________

六百七十二万三千一百一十三：________________

知识精讲

亿以内数的写法：(1)写数时也要先分级，从高位写起。(2)先写万级，再写个级。(3)哪一位上一个单位也没有就在那一位上写0占位。如：六千八百五十万最高位是千万位，这样在万级上写出6850，个级上一个单位也没有，四个数位都要写0占位，因此六千八百五十万写作68500000；三千零八十万写作30800000；一千五百六十九万三千写作15693000；六百七十二万三千一百一十三写作6723113。

解题方法论坛

题型1 每相邻两个计数单位间的进率

例 填一填。

10个一万是十万，10个十万是(　　)，10个一百万是(　　)，10个一千万是(　　)。

方法探究 10个一万是十万，10个十万是一百万，10个一百万是一千万，10个一千万是一亿。

解答 一百万　一千万　一亿

总结

每相邻的两个计数单位之间的进率都是十，这种计数方法叫做十进制计数法。

题型2 亿以内数的数位及组成

例1 一个九位数，它的最高位是(　　)，这个数位上的计数单位是(　　)。在数位顺序表中，从右往左数第五位是(　　)，这个数位上的计数单位是(　　)。

方法探究 数位与计数单位是两个不同的概念，一个九位数，它的最高位指的是数位，在数位顺序表中，从右往左数第五位也指的是数位。一个九位数，它的最高位是亿位，这个数位上的计数单位是亿，在数位顺序表中，从右往左数第五位是万位，这个数位上的计数单位是万。

解答 亿位　亿　万位　万

例2 在10387294这个数中，8表示(　　　　)，0表示(　　　　)。

方法探究 从右往左，8在第五位，在万位上，万位上的计数单位是万，即8表示8个一万；0在第七位，在百万位上，百万位上的计数单位是百万，所以0表示0个百万。

解答 8个一万　0个百万

题型3 亿以内数的读、写方法

例 读出和写出下面各数。

(1)17┊2803　读作:________

872┊3000　读作:________

(2)二百零三万四千　写作:________

九百万三千　写作:________

方法探究 (1)亿以内数的读法:读数时先分级再读数。先读万级,再读个级。万级的数,要按照个级的读法来读,再在后面加一个"万"字。每一级末尾不管有几个0,都不读;中间或前面有一个0或连续几个0,都只读一个0。

(2)亿以内数的写法:写数时要先分级,从高位写起,先写万级,再写个级,哪一位上一个单位也没有,就在那一位上写0占位。

解答 (1)十七万二千八百零三　八百七十二万三千

(2)2034000　9003000

总结

读数时应注意:

(1)个级数字都是0时不读。

(2)万级末尾和个级末尾的0都不读。

(3)每级中间或前面有一个0或连续几个0,都只读一个零。

精选习题练练看

考题天天练

一、填一填

1. 在数位顺序表中,从右往左数,第(　　)位是百位,第(　　)位是百万位,与十万位相邻的两个数位,计数单位大的是(　　)位,计数单位小的是(　　)位。

2. 十万里有(　　)个一万，一百万里有(　　)个十万，一亿里有(　　)个千万。

3. 98270496 是(　　)位数，这个数包含(　　)级和(　　)级。从左往右数第 1 位的 9 在(　　)位上，表示(　　)；从右往左数第二位的 9 在(　　)位上，表示(　　)，这个数中的 0 在(　　)位上，表示(　　)。

4. 一个八位数，它的最高位是(　　)，最高位上的计数单位是(　　)。

5. 6724800 和 2840300 中的 2，前者在(　　)位上，表示(　　)，后者在(　　)位上，表示(　　)。

6. 34578243 是由(　　)个千万、(　　)个百万、(　　)个十万、(　　)个万、(　　)个千、(　　)个百、(　　)个十、(　　)个一组成的。

二、读出下面各数

478530　　读作：________________

6708300　　读作：________________

1035504　　读作：________________

20045003　　读作：________________

3000708　　读作：________________

三、写出下面各数

十二万五千　　写作：________________

五千三百万　　写作：________________

一千零八万零六百　　写作：________________

七百万三千　　写作：________________

八千七百万零四　　写作：________________

四、写出由下面各数组成的数

1. 由六个千万、八个十万和六个千组成的数。

写作：________________

2. 由三个千万、四个万、二个百组成的数。

写作：________________

3. 由六个百万和六个一组成的数。

写作：______________________

五、连一连

1403509　　　　800003　　　　70900800

八十万零三　　　　一百四十万三千五百零九　　　　七千零九十万零八百

新题精练台

一、用4个0和4个1按要求写出八位数(写出一个即可)

1. 读2个0。

2. 读1个0。

3. 一个0也不读。

4. 读3个0。

二、在下图中按顺时针组成一个最大的数是______________________，最小的数是____________________。

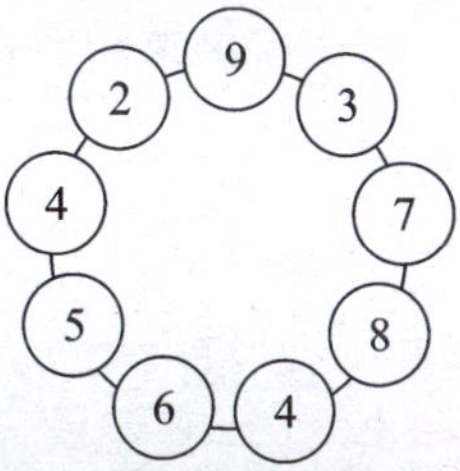

三、有一个五位数，最高位上是数字8，最低位上是数字6，个位上的数字是十位上数字的3倍，前三位数字的和与后三位数字的和都是14。这个五位数是多少？

第二节　亿以内数的大小比较、改写及求近似数

比较亿以内数大小的方法，及多位数的改写。

会用“四舍五入”法把一个大数省略万位或亿位后面的尾数，求出它的近似数。例：1260000000 ≈（　　）亿

教材知识讲坛

一、亿以内数的大小比较

情境导入

下面是我国面积最大的六个省份（单位：平方千米），你能比较哪个省的面积最大吗？

黑龙江：454800

内蒙古：1100000

青海：720000

四川：485000

西藏：1210000

新疆：1660000

七嘴八舌

比较两个大数的大小，首先要数清它们的位数。

位数多的数就大。

位数相同的要从左起第一位开始比较各个数位上的数，哪一位上的数大，那个数就大。

知识精讲

1. 454800 与 1100000 相比较,454800 是六位数,1100000 是七位数,所以 454800<1100000。
2. 454800 与 720000 都是六位数,就比较最高位上的数,十万位上的 4 小于 7,所以 454800<720000。
3. 454800 与 485000 的位数相同,最高位十万位上都是 4,就比较万位上的数,5 小于 8,所以 454800<485000。

总结

两个大数比较大小，位数不同时，位数多的数大于位数少的数；位数相同时，从最高位比起，最高位上的数大的这个数就大。如果最高位上的数字相同，就比较下一位，直到比较出大小为止。

二、亿以内数的改写求近似数

问题导入

我国陆地面积约为 9600000 平方千米,居世界第三位,俄罗斯的陆地面积居世界第一位,约为 17070000 平方千米,加拿大的陆地面积居世界第二位,约为 9970000 平方千米,将出现的数据改写成用“万”作单位的数。

知识精讲

1. 960┊0000 平方千米 = 960 万平方千米

1707┊0000 平方千米 = 1707 万平方千米

997┊0000 平方千米 = 997 万平方千米

把整万数改写成用“万”作单位的数的方法:将万位后面的 4 个“0”省略掉,换成一个“万”字。

2. 把非整万数改写成用“万”作单位的数。

(1)非整万数改写成用“万”作单位的数是一个近似数。

(2)“四舍五入”法省略万位后面的尾数求近似数,我们要看千位上的数字是小于 5,还是大于或等于 5。如果千位上的数字小于 5,我们直接省略掉万位后面的尾数,然后在末尾加上一个“万”字;如果千位上的数字大于或等于 5,要向前一位进 1,再把万位后面的尾数省略掉,然后在末尾加上一个“万”字。如:34958 改写成以“万”为单位的数,34958 千位上的数字是 4,属于“四舍”,把万位后面的尾数全部舍去,改写成 0,即 34958 ≈ 30000 = 3 万;935420 改写成以“万”为单位的数,935420 千位上的数字是 5,属于“五入”,向万位进 1,再把万位后面的尾数全部舍去,改写成 0,即 935420 ≈ 940000 = 94 万。

特别提示!

近似数是接近准确值的数,大小发生了变化,所以它们之间用“≈”连接起来。

我的空间 我来补充笔记

解题方法论坛

题型1 较大数的排序

例1 比较下列各组数的大小。

(1)6306620 ○ 65800　　(2)53400 ○ 53400

(3)410256 ○ 410356　　(4)570600 ○ 750600

方法探究 (1)6306620是七位数，65800是五位数。这两个数的位数不同，位数多的数大，即6306620>65800。

(2)53400与53400这两个数的位数相同，每个数位上的数字也相同，所以53400=53400。

注意 比较两个相同数位的数的大小时，要从高位起开始比较，那个高位上的数字大，则那个数就大。

(3)两个数的位数相同，十万位、万位、千位上的数字也相同，百位上的数字不同，由于百位上数字2小于3，所以410256<410356。

(4)570600与750600两个数的位数相同，就比较各数位上的数字，且最高位十万位上的数字5小于7，所以570600<750600。

解答 (1)>　(2)=　(3)<　(4)<

例2 把下列各数按从小到大的顺序排列。

3400760　11203400　4001290　980968　3400670

方法探究 排列大数顺序时，将各数先分级，然后按位数从多到少或从少到多的顺序排列起来，最后再按比较大小数的方法进行比较。如：

万级	个级
1120	3400
340	0760
400	1290
340	0670
98	0968

解答 这五个数从小到大的顺序是：980968＜3400670＜3400760＜4001290＜11203400。

例3 用0，1，5，7，3，9 组成无重复数字的最大的六位数是________，组成最小的六位数是________。

方法探究 组成最大的六位数，就是将这六个数字从大到小排列，即 975310，最小的六位数则是按数字从小到大排列，但 0 不能作首位，此题中 0 除外，1 最小，所以首位是 1，其他数字从小到大排列即是 103579。

解答 最大的六位数是 975310，最小的六位数是 103579。

总结

给出几个数字组成最大的数或最小的数，就是把所给数字按从大到小，或从小到大的顺序排列，但 0 不能作首位。

题型2 把整万的数改写成用"万"作单位的数

例 把下列各数改写成用"万"作单位的数。

1259 ┊ 30000　　4708 ┊ 0000　　2307 ┊ 00000

25800 ┊ 0000　　1059 ┊ 0000　　26352 ┊ 0000

方法探究 把整万数改写成以"万"为单位的数时，去掉末尾的 4 个"0"，然后添上"万"字，再用"＝"连接。

注意 改写数时，先要进行分级，从低级到高级，确定每级的数位是否完整，不能多位，也不能少位。

解答 12593┊0000 ＝12593 万

4708┊0000 ＝4708 万

23070┊0000 ＝23070 万

25800┊0000 ＝25800 万

1059┊0000 ＝1059 万

26352┊0000 ＝26352 万

题型3 用"四舍五入"法精确数位及改写大数

例1 某小区有居民 148264 人。

四舍五入到十位约____________人；

四舍五入到百位约____________人；

四舍五入到千位约____________人；

四舍五入到万位约__________人。

方法探究 四舍五入到哪一位，就看这个数位后一个数位上的数字是否满5，如果满5就舍掉尾数并向前一位进一，如果不满5，就直接舍去改写成0。

解答 四舍五入到十位约148260人；

四舍五入到百位约148300人；

四舍五入到千位约148000人；

四舍五入到万位约150000人。

例2 将下列各数改写成以“万”为单位的数。

31777　　356071　　205658

方法探究 由题中所给的数可知都是非整万的数，因此要把这些数四舍五入到万位，则要看千位上的数字是否满足“五入”，如果满足，则舍去千位及千位以后的尾数，并向万位进一；如果不满足，则舍去千位及千位以后的尾数。再在后面加个“万”字，得到的近似数和原数用“≈”连接起来。

解答 求近似数前最好先分级，以免多位或少位。

3┆1777 ≈3 万(30000)　　35┆6071 ≈36 万(360000)

20┆5658 ≈21 万(210000)

题型4 求近似数的逆运用

例 一个数省略万位后面的尾数是5万，这个数最大是多少，最小是多少？

方法探究 由题可知，最大的数一定是大于5万的数，最小的数一定是小于5万的数。要使“5□□□□”省略万位后面的尾数是5万，千位上一定是小于或等于4的数才能满足“四舍”的条件，只有千位上填4，其他各位填9时，才能满足最大的条件，所以这个数最大是54999。最小的数是“4□□□□”，而只有当千位上填大于或等于5的数，才能满足“五入”的条件，只有千位上填5，其他各位填0时，才能满足最小的条件，所以这个数最小是45000。

解答 这个数最大是54999，最小是45000。

倍速学习法 BEISUXUEXIFA

总结

在解答此类题时，要满足最大的条件，首位与改写后的数相同，尾数最高位一定是4，其他数位上的数字是9；要满足最小的条件，首位比改写后的数小1。尾数最高位上的数字一定是5，其他数位上的数字是0。

精选习题练练看

考题天天练

一、填一填，做一做

1. 最大的六位数是（　　　　），比它多1的数是（　　　　），把这个数改写成以“万”为单位的数是（　　　　）。

2. 在○里填“>”“<”或“=”。

212400 ○ 52万　　　　6438┆0000 ○ 650┆0000

25030000 ○ 2503万

3. (1) 把下面各数按照从大到小的顺序排列。

4┆0400　　40┆0400　　4400　　5┆0400

(2) 把下面各数按照从小到大的顺序排列。

5┆0241　　52┆0041　　50┆0214　　50┆2410

20┆5014

二、把下列各数改写成以“万”或“亿”为单位的数

60000 =（　　　）万

20450000 =（　　　　）万

103000000 =（　　　　）万

三、用“四舍五入”法计算

1. 把下列各数四舍五入到万位。

3754000 ≈　　　　89800 ≈

789400 ≈　　　　995600 ≈

2. 在□里填上最大的数。

400□000 ≈ 400 万　　　　999□9999 ≈ 1000 万

45□500 ≈ 46 万　　　　700□623 ≈ 700 万

新题精练

一、一个数精确到万位是 16 万，符合这个条件的最大数与最小数的差是多少？

二、一个数有两级，其中一级是 4321，另一级是 100，这个数是多少？为什么？

三、在括号里可以填哪几个数字

59（　　）853 ≈ 60 万　　　　59（　　）853 ≈ 59 万

第三节 数的产生、十进制计数法和亿以上数的认识

理解自然数的概念，会读写亿以上的数。例：1287030405 读作十二亿八千七百零三万零四百零五。

多位数的改写及近似数的判定。

教材知识讲坛

一、数的产生

情境导入

你知道古时人们是怎样记数的吗？

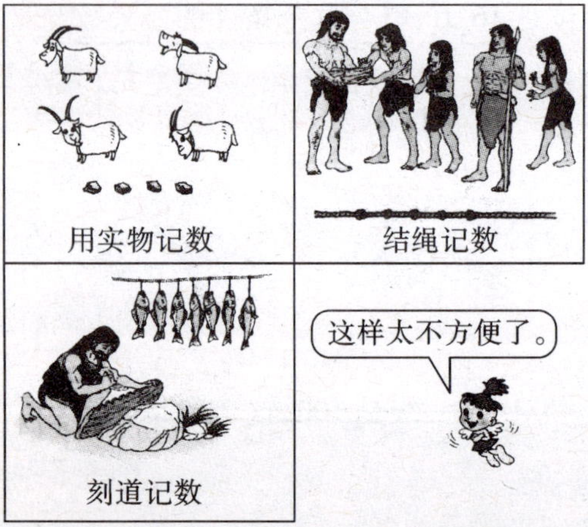

后来人们逐渐发明了一些记数符号，这就是数字。

七嘴八舌

每个国家都有他们各自的数字表示方法。

中国数字：Ⅰ Ⅱ Ⅲ Ⅲ Ⅲ T Ⅱ Ⅲ Ⅲ

罗马数字：Ⅰ Ⅱ Ⅲ Ⅳ Ⅴ Ⅵ Ⅶ Ⅷ Ⅸ

巴比伦数字：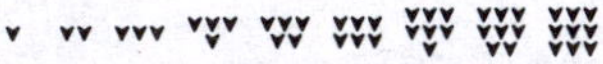

知识精讲

1. 古时人们的记数方法：实物记数、结绳记数、刻道记数。
2. 随着文字的发展，人们发明了记数的符号，这就是数字，阿拉伯数字是世界通用的数字。
3. 自然数：人们在数物体时，表示物体个数的1，2，3，4，5，6，…都是自然数，一个物体也没有，用0表示，0也是自然数。
4. 最小的自然数是0，没有最大的自然数，自然数的个数是无限的。

二、认识十进制计数法

问题导入

数位	…				亿位	千万位	百万位	十万位	万位	千位	百位	十位	个位
数级	…	亿级				万级				个级			
计数单位	…				亿	千万	百万	十万	万	千	百	十	个
				1	2	9	5	3	3	0	0	0	0

请填写剩下的数位和计数单位。

知识精讲

1. 第一行从右往左依次填入十亿位、百亿位、千亿位，第二行从右往左依次填入十亿、百亿、千亿。
2. 一(个)、十、百、千、万、十万……这些计数单位中，每相邻两个计数单位之间的进率都是十。
3. 每相邻的两个计数单位之间的进率都是十，这种计数方法叫做十进制计数法。

三、亿以上数的读法、写法及单位改写

问题导入

试着读出或写出下面各数。

(1) 61┊0000┊0000　读作：六十一亿

100┊4000┊2000　读作：________

4003┊0500┊0000　读作：________

(2) 三亿　写作：3┊0000┊0000

三十亿九千万　写作：________

七千零三亿零二十万　写作：________

知识精讲

1. 亿以上数的读法和写法。

(1) 亿以上数的读法和亿以内数的读法相同，也要从最高位读起，一级一级地往下读，亿级的数，要按照个级的读法来读，再在后面加个亿字，如 100┊4000┊2000 读作一百亿四千万二千，4003┊0500┊0000 读作四千零三亿零五百万。

另外分级是读好大数的关键，0 的读法也要注意每一级末尾的 0 都不读，其他数位有一个 0 或连续几个 0，都只读一个 0。

(2) 写亿以上的数也要先分级，然后从高位起，读一级写一级，如果哪个数位上一个单位也没有，要用 0 占位。如三十亿九千万写作 30┊9000┊0000，七千零三亿二十万写作 7003┊0020┊0000。

2. 亿以上数的改写。

将整亿数改写成以“亿”为单位的数，就是把亿位后面的 8 个 0 去掉，换上一个亿字，如 1300000000 = 13 亿，280000000000 = 2800 亿。非整亿的数要用“四舍五入”法改写成以“亿”为单位的数要用“≈”，不能用“=”，如 4952650000≈50 亿。

解题方法论坛

题型1 非相邻两较大数之间的进率

例 亿和百亿之间的进率是(　　)。亿和千亿之间的进率是(　　)。

方法探究 亿和百亿不是两个相邻的计数单位，两个计数单位中

间隔了一个计数单位，它们之间的进率应是100，而亿和千亿之间隔了两个计数单位，则它们之间的进率应是1000。

解答 100 1000

总结

两个不相邻的计数单位，中间隔了几个计数单位，就在10的后面添加几个零，即可表示这两个不相邻数之间的进率。

题型2 亿以上数的组成

例1 判断：由5个十亿、5个百万、5个十万和5个一组成的数是50500505。 ( )

方法探究 写数时先要弄清每一个数位上的数字是几，“5个十亿”说明十亿位上是5，“5个百万”说明百万位上是5，“5个十万”说明十万位上是5，“5个一”说明个位上是5，其余数位都用0表示。

注意 写数时，除最高级外，其余每一级上都要保证有四位，为确保正确，可列好数位顺序表，一一对照来写。

解答 不对，由5个十亿、5个百万、5个十万和5个一组成的数是5005500005。

例2 用两个3、两个4和六个0任意组成一个十位数，一个零也不读的数是( )；读出两个零的数是( )；读出三个零的数是( )。(每空写一个数即可)

方法探究 0的读法跟它所在位置有关，如果组成的数一个零也不读出来，一定要把0放在每级的末尾，如33┆4400┆0000读作三十三亿四千四百万，30┆3400┆4000读作三十亿三千四百万四千；如果组成的数要读出两个或三个零，可以把0间隔开，放在每级的中间或前面，如30┆0304┆4000读作三十亿零三百零四万四千，30┆3004┆0400读作三十亿三千零四万零四百，30┆0304┆0400读作三十亿零三百零四万零四百,40┆0303┆0004 读作四十亿零三百零三万零四。

解答 3034004000　3030040400　4003030004(答案不唯一)

题型3 灵活运用"四舍五入"法

例 在下面的□里填上最大的数字。

560□2560000≈560 亿　　1□6783600≈2 亿

方法探究 这两个小题都是将数化成用"亿"作单位的近似数,因此,先要确定是"四舍"得到的近似数还是"五入"得到的近似数。观察可知第 1 小题是"四舍"得到的,即千万位上只能填 4,第 2 小题是"五入"得到的,即千万位上最大能填 9。

解答 560□2560000 中最大填 4,1□6783600 中最大填 9。

精选习题练练看

考题天天练

一、填一填

1. 一个五位数,它的最高位是(　　　)位,计数单位是(　　　);一个十位数,它的最高位是(　　　)位,计数单位是(　　　)。
2. 343048793 从左往右数第一个 3 在(　　　)位上,表示(　　　),第三个 3 在(　　　)位上,表示(　　　),这个数中的 0 在(　　　)位上,表示(　　　)。
3. 最大的十位数是(　　　),四舍五入到亿位,约是(　　　)亿;最小的 8 位数是(　　　),改写成用万作单位的数是(　　　)万。
4. 由 7 个十万、8 个千、3 个百和 5 个一组成的数是(　　　),四舍五入到万位约是(　　　)。
5. 800306720 读作(　　　),四舍五入到万位约是(　　　)。

6. 一个八位数，最高位上是9，十万位上是3，千位上是2，其他各位上的数字是0，这个数写作(　　　　)，读作(　　　　)，四舍五入到亿位约是(　　　　)。

二、把下列各数“四舍五入”到“亿”位或“万”位

8345┊7243≈(　　　)万　　　　9989┊5472≈(　　　)万

8345┊7243≈(　　　)亿　　　　99989┊5472≈(　　　)亿

三、把下列各数改写成用“万”或“亿”作单位的数

43┊0000=(　　　)万　　　　540┊0000=(　　　)万

143┊0000┊0000=(　　　)亿　　　　40┊0000┊0000=(　　　)亿

四、按从小到大的顺序排列下面各数

8796┊5200　　7896┊5200　　7895┊6200　　6789┊5200

五、小冬和爸爸妈妈用0,0,0,0,6,7,5,4,8九张卡片玩组数游戏，爸爸说：“我能用这九张卡片组成一个最大的九位数”，妈妈说：“我能用这九张卡片组成一个最小的九位数”。你能帮小冬求出爸爸和妈妈组成的这两个数吗？并将它们“四舍五入”到“亿”位。

新题精练台

一、如何使天平保持平衡呢

(10个)十万　一百万　(　　)十亿　一百亿　(　　)一百万　一亿

二、一个数十亿位上是7，千万位上是5，万位上是3，百位上是9，其他各个数位上都是0。

1. 请你写出这个数。数一数这个数是几位数，并读出这个数。

2. 把这个数改写成以“亿”为单位的数。

三、有一个三位数，如果把数字5加在它的前面可以得到一个四位数，加在它的后面也可以得到一个四位数，这两个四位数相差2889，求原来的三位数。

第四节　计算工具的认识及用计算器计算

我是重点：正确掌握计算器的基本操作方法。

我是难点：应用计算器进行计算及探究计算规律。

教材知识讲坛

一、计算工具的认识

情境导入

①

②

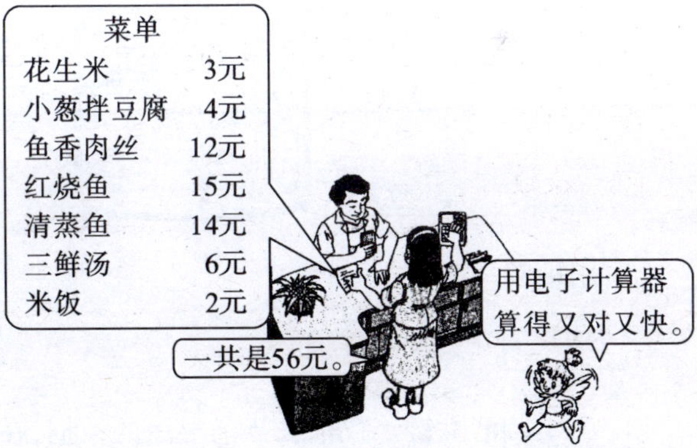

③

七嘴八舌

图①和图②中都用的是算盘。

图③中用的是计算器。

知识精讲

1. 算盘的认识。

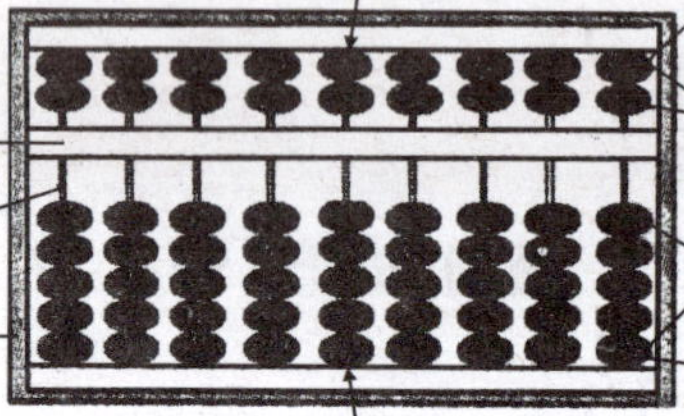

2. 常见电子计算器的认识。

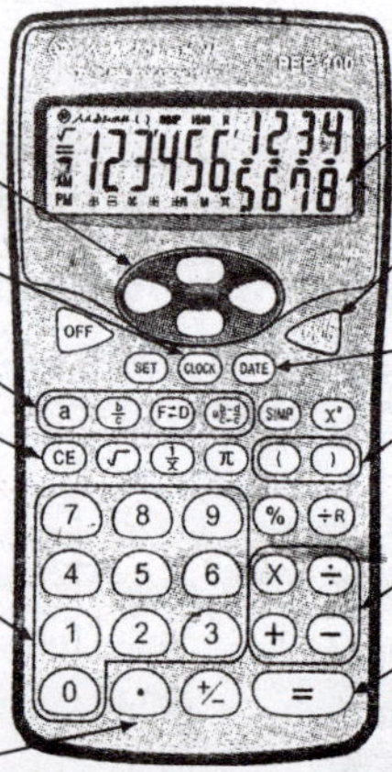

常用键的功能：

ON/C 开关及清屏键。

CE 清除键。仅消去当前显示的数据，在计算过程中，不影响前面的数据及运算。一般用于修改输错的数据。

OFF 关闭键。用于停止使用计算器。

M+ 储存键。用于某些数据的记忆与储存。

M- 减少储存键。用于将储存数据减去。

MR 呼出储存键。用于将储存数据呼出。

MC 消除储存键。用于消除数据的储存状态。

0 1 2 3 4 5 6 7 8 9 数字键。

+ - × ÷ 四则运算符号键，用于计算。

= 等号键，用于输出结果。

二、常见计算工具的操作

情境导入

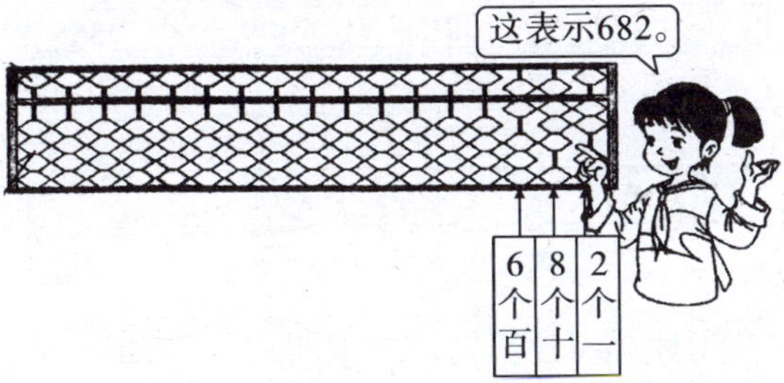

知识精讲

1. 算盘的记数方法。

算盘上每一档代表一个数位，记数前先要确定把某一档作为个位，向左依次是十位，百位，千位……记数时，把算珠拨到靠梁时，才表示算盘上有数。每一档的每颗上珠代表5，每颗下珠代表1。

2. 计算器的操作。

数字输入：按多位数读法输入或从左到右依次读数字，不读计数单位。

题型1 应用计算器进行计算

例1 用计算器算一算。

386+179 = ________

825-138 = ________

方法探究 对于一步计算的算式可以直接按从左到右的顺序依次按数字键、运算符号键、数字键、等号键，最后显示屏上会显示出计算结果。

提示 在运算过程中，若发现当前输入的数据不正确，可使用 CE 键清除错误，前边的数据仍保留。这时，只需输入正确数据，运算即可继续进行。

解答 386+179=565

按键	3 8 6	+	1 7 9	=
屏幕显示	386.	+ 386.	+ 179.	= 565.

825-138=687

按键	8 2 5	−	1 3 8	=
屏幕显示	825.	− 825.	− 138.	= 687.

例2 小丽在用计算器计算两位数乘两位数时，把一个因数的个位数字6错按成9，结果得936，实际应为864，这两个因数各是多少？

方法探究 一个因数的个位数字6错按成9，所得结果比原来多了(9-6)个另一个因数，实际结果与错误的结果相差936-864=72，72÷3=24，864÷24=36。

解答 一个因数是36，另一个因数是24。

题型2 应用计算器找规律

例 先利用计算器计算出下面一组算式的结果，然后找出其中规律，并根据规律直接写出后几道题的得数。

12345679×9 =　　　　12345679×18 =

12345679×54 =　　　　12345679×81 =

方法探究 对于一步计算的算式可以直接按从左到右的顺序依次按数字键、运算符号键、数字键、等号键，最后显示屏上会显示出计算结果，通过计算可知 12345679×9 = 111111111，12345679×18 = 222222222，观察可知每道算式的第二个因数是 9 乘几，最后的乘积就是几乘第一个式子的结果，即几乘 111111111。

解答 12345679×9 = 111111111　　12345679×18 = 222222222

12345679×54 = 666666666　　12345679×81 = 999999999

精选习题 练练看

考题天天练

一、填一填

1. [CE] 叫做（　　　　）键，[ON/C] 叫做（　　　　）键，它们都有（　　　　　）功能，它们的区别是（　　　　　　　　）。
2. 在计算过程中，如果发现刚输入的数据不正确，按（　　　）键清除错误更简便。
3. [+] [−] [×] [÷] 叫做（　　　）键。

二、用计算器计算下面各题

364+456 =　　　　485−298 =　　　　391÷23 =

38×49 =　　　　894+1276−579 =

2239−1789+427 =　　　　2412÷(432÷12) =

三、你能用计算器快速计算后填空吗

148 = 86+（　　　）　　999÷（　　　）= 27　　14×（　　　）= 3556

四、如果 123456789×9＝1111111101，那么 123456789×18＝（　　），123456789×27＝（　　　　），123456789×36＝（　　　　）。

新题精练台

一、用计算器计算 33333×33334。

二、小马虎在用计算器算某一题时，把被除数的前两位数字按反了，结果除以 5 得到 87347，请你帮小马虎算一算，正确的商应该是多少？

三、请用计算器计算出方框里是几，找出规律后再继续写三道算式

999999÷9＝111111　　□99999□÷9＝333333

□99999□÷9＝222222　　□99999□÷9＝444444

四、用计算器计算下列各题

36700+5809000＝　　319870－68754＝

542+369－639＝　　8079－5432+2174＝

372－1944÷36＝　　5864－13×17＝

1亿有多大？

通过对具体数量的感知和体验，理解数的意义并建立数感。例：1亿张纸摞起来有多高？

充分感受1亿这个数有多大。

教材知识讲坛

情境导入

你知道1亿有多大吗？

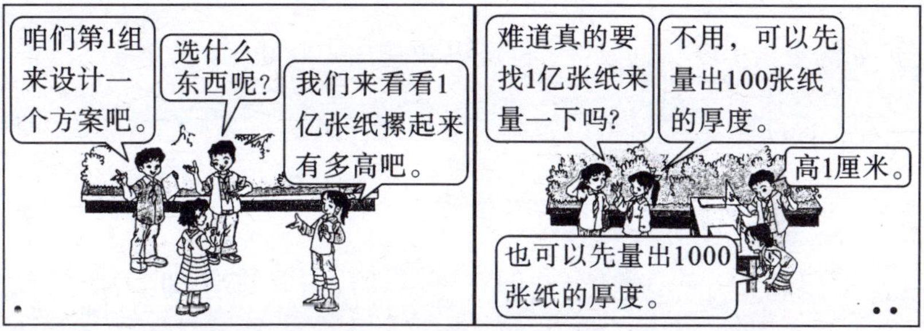

七嘴八舌

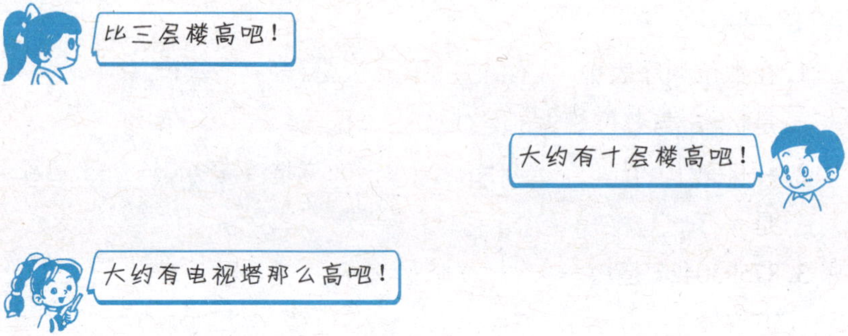

知识精讲

像第一幅图中,可选取1亿张纸摞起来感知一下它大概有多高。在生活中不能整体测量一亿张纸摞起来的高度。像第二幅图一样先测量一部分,如测量出100张的厚度,也可以测量出10000张纸的厚度,再推算出1亿张纸的厚度,最后可以像第三幅图那样感知一下1亿有多大,同样也可以选取不同的物体进行实验,感知1亿有多大。

当然,我们还可以选择不同的物体来进行实验活动,如:1亿粒大米有多重?1亿个小朋友手拉手有多远?这里第1小组的同学选择看1亿张纸摞起来有多高。

通过实验可知:100张纸约有1厘米高,1000张纸有1米高,那么1亿张纸就有1万米那么高。可以看出1亿这个数非常大,无法直接进行测量1亿个物体的高度或质量。因此可以通过测量部分进行推算,来感知1亿有多大。

第一单元测试

一、填一填

1. 在数位顺序表中，从右往左，第五位是(　　　　)位，第(　　　　)位是亿位，与万位相邻的是(　　　　)位与(　　　　)位。

2. 一亿是10个(　　　　)，10个(　　　　)是一千万，(　　　　)个一千是一万。

3. 875930427是由(　　　　)个亿、(　　　　)个千万、(　　　　)个百万、(　　　　)个十万、(　　　　)个万、(　　　　)个千、(　　　　)个百、(　　　　)个十和(　　　　)个一组成。

4. 最大的八位数是(　　　　)，比它多1的数是(　　　　)，这个数是最小的(　　　　)位数。

5. 一个十位数的最高位是(　　　　)位，这个数位的计数单位是(　　　　)。

6. 十万位和十位都是0，其余不能为0的最大八位数是(　　　　)，把它四舍五入到亿位约是(　　　　)，最小的八位数是(　　　　)，把它四舍五入到万位约是(　　　　)。

二、写出或读出下列各数

三万八千零八　写作：________________

二千万零三　写作：________________

三十亿零七百　写作：________________

120┆0030┆0700　读作：________________

6┆0340┆0004　读作：________________

2080┆3070　读作：________________

三、在○里填上“>”“<”或“=”

34亿 ○ 34┆0000┆0000　　　36┆9925 ○ 36亿

790┊0000 ○ 709┊9999　　　　4033 万 ○ 4034┊0000

8┊9018 万 ○ 9 亿　　　　999┊9899 ○ 999┊8999

四、把下列各数改写成以"万"或"亿"为单位的数

2050┊0000 =（　　　　）万

8┊0000 =（　　　　）万

36┊0000┊0000 =（　　　　）亿

90┊0000┊0000 =（　　　　）亿

五、把下列各数四舍五入到"万"或"亿"位

3┊1777 ≈（　　　　）万

44┊9707┊0000 ≈（　　　　）亿

20┊5658 ≈（　　　　）万

14┊2698┊0000 ≈（　　　　）亿

六、用 3 个"8"和两个"0"这五个数字，写出符合下列要求的数

1. 只读 1 个"0"。________________

2. 只读 2 个"0"。________________

3. 一个"0"也不读。________________

七、括号里能填几

39（　　　　）846 ≈ 40 万　　46（　　　　）852 ≈ 46 万

6（　　　　）9990000 ≈ 6 亿　　13（　　　　）0008753 ≈ 14 亿

八、用 1、2、3、4、5、6 这 6 个数字组成最大的六位数是多少？最小的六位数是多少？

九、探索与发现

用计算器计算下列算式，找到其中的规律，按规律再写出两组算式，最后用计算器验证你的规律。

99×99 =（　　　　）　　999×999 =（　　　　）

9999×9999 =（　　　　）　　99999×99999 =（　　　　）

现在，我手中可是有一条线段。我的手就像两个端点。
你拿的不是一条直线吗?
射线来喽!
对呀！可以用量角器，还可以画出15°的角、105°的角……太棒了！
别急，我们可以借助三角板呀！45°的角，30°的角。
有了线，再找一个点，我们就有角啦！
我要画75°的角，呀！！怎么搞的?找不到量角器了，这可怎么办！
当然了，但一定要注意安全，先来吃饭吧！
妈妈，我已经找到剪刀了！我准备用剪刀比喻角的大小，可以吗?
角是旋转而成的，就像时钟那样，有时成锐角，有时成钝角，或是直角，比如12点，就成为一个周角。6点当然就是平角啦。
15:05
18:00
12:00
一定要记住，角是旋转而成的，如果要比较大小，我们都借用量角器。

第二单元　角的度量

单元目标抢先看

1. 认识线段、射线和直线，知道线段、射线和直线之间的联系和区别，理解角的定义，了解角各部分的名称。
2. 认识平角和周角，以及平角、周角、锐角、钝角和直角之间的关系，会用量角器测量角的大小。
3. 会用量角器或三角尺画出指定度数的角。

第一节　直线、射线和角

直线、线段、射线的区别和联系，角的度量。

用量角器度量角的方法。

教材知识讲坛

一、线的特征

情境导入

下面三幅图片展示了生活中的线，说说它们的相同点和不同点。

图1

图2

图3

七嘴八舌

我发现三幅图片中的线粗细不一样。

图1中的斑马线有5条，长短可以通过测量得知。

图3中的铁轨，它到底有多长呢？

图2中的灯光射向空中，真不知道它有没有尽头？

知识精讲

1. 线段、射线、直线的认识。

像图 1 中人行横道的斑马线，它有一定的长度，我们可以近似地把它看作线段。如图：

像图 2 中的探照灯射出的光线是无限长的，我们可以把这条线看作射线，它是将线段向一个方向无限的延长得到的。如图：

像图 3 中的铁轨，两端一望无尽，可以将它近似地看作直线，它是将线段向两个方向无限延长得到的。如图：

2. 直线、射线、线段的联系与区别。

名称	图形	端点个数	延伸情况	长度	与直线的关系
直线		无端点	向两端无限延伸	无限的	
射线		1 个	向一端无限延伸	无限的	是直线的一部分
线段		2 个	不能延伸	有限的	是直线的一部分

二、线的读法

问题导入

怎样读出下面的线段、射线和直线?

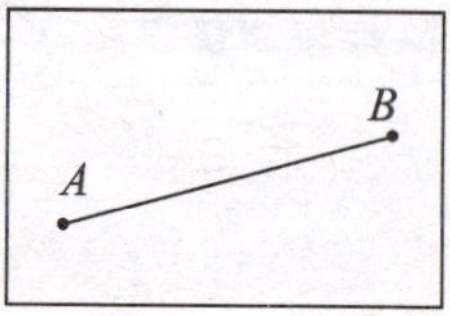

图4

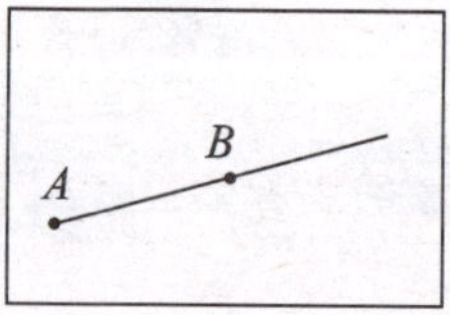

图5

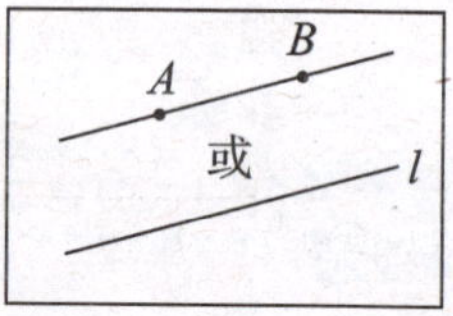

图6

知识精讲

图4是线段,我们把它的两个端点分别用两个大写字母 *A*、*B* 来表示。读作:线段 *AB* 或者线段 *BA*。

图5是射线,射线是有方向性的,我们只能从它的端点向另一个点(可以任意点)来读,把它的端点用大写字母 *A* 来表示,然后在射线上任取一点用大写字母 *B* 来表示。读作:射线 *AB*。(注意:不能读作射线 *BA*。)

图6是直线,我们可以取直线上的任意两个点,然后用大写字母 *A*、*B* 来表示。读作:直线 *AB* 或者直线 *BA*。这条直线也可以用一个小写字母 *l* 表示,读作:直线 *l*。

三、角的定义及角的读法

情境导入

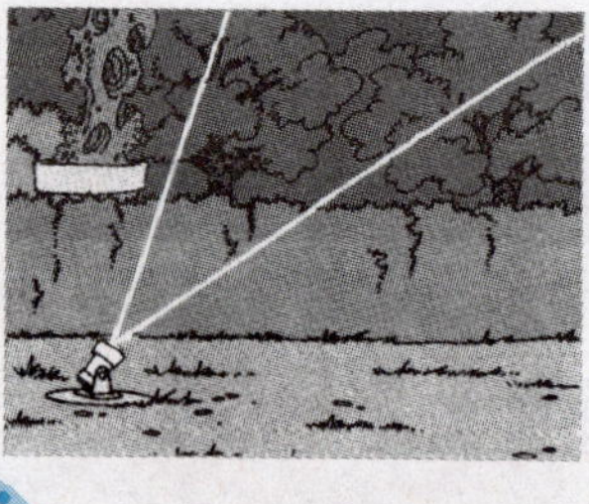

知识精讲

1. 从一点引出两条射线所组成的图形叫做角。

这一点是角的顶点，两条射线是角的两条边。

如：

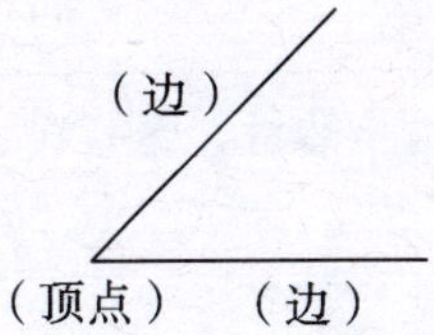

2. 为了书写方便，我们通常用符号“∠”来表示角，如：

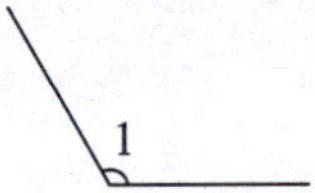

记作：∠1　读作：角 1

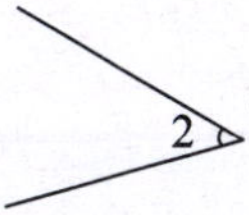

记作：∠2　读作：角 2

特别提示！

角也可以用顶点字母表示：如

读作角 A，记作 $\angle A$，在书写符号“∠”时不能与小于号“<”混淆。

我的空间　我来补充笔记

解题方法论坛

题型 1　数数简单图形中共有多少条线

例 1　下面的图形中共有多少条线段？

(1) 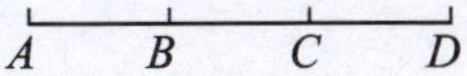

(2) 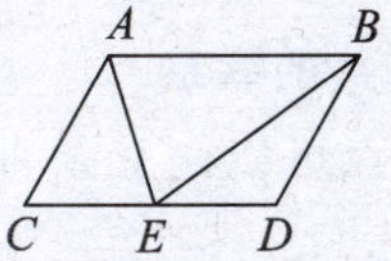

方法探究　(1)以 A 为左端点的线段有 AB、AC、AD 三条；以 B 为左端点的线段有 BC、BD 两条；以 C 为左端点的线段有 CD 一条。

因此，3+2+1=6(条)。

(2)先固定线段的一个端点，然后不重复的找另一个端点。以 A 为其中一个端点的线段有 AB、AC、AE；以 B 为其中一个端点的线段有 BE、BD；以 C 为其中一个端点的线段有 CD、CE；以 D 为其中一个端点的线段有 DE。因此 3+2+2+1=8(条)。

解答 (1)图形中共有6条线段。(2)图形中共有8条线段。

例2 

图中有多少条射线？

方法探究 以 A 为端点，向左、向右分别可以数两条射线。同样以 B 为端点，又可以数出两条射线。

> **注意** 了解射线的特点，准确数出，不要遗漏。

解答 图中有四条射线。

题型2 线段、射线的画法

例1 画一条3厘米的线段。

方法探究 (如下图)先确定线段的两个端点，且使两端点之间的距离为3厘米，然后用直线连接两点。

> **提示** 线段有两个端点，不可以向两端无限延伸。

解答

例2 画一条射线 CD。

方法探究 (如下图)先确定点 C 和点 D，以点 C 作为射线的端点，从端点 C 出发，通过点 D 画一条直线。

> **提示** 射线有一个端点，可以向一端无限延伸。

解答 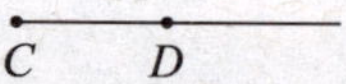

题型3 点与线的联系

例1 过一点可以画几条直线？过两点可以画几条直线？

方法探究 (如下图)从一点出发可以

> **提示** 直线没有端点，可以向两端无限延伸。

画无数条直线，经过两点只能画一条直线。

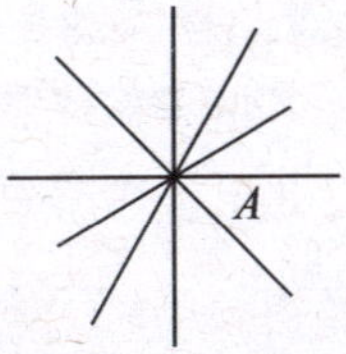

解答 过一点可以画无数条直线。过两点可以画一条直线。

例2 下图中的 A、B 两点之间的连线中，哪条最短？

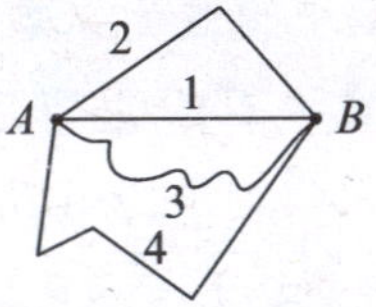

方法探究 图中 A、B 两点间的连线有 4 条，第 2 条和第 4 条都是折线，第 3 条是曲线，第 1 条是直的，通过测量对比，发现第1 条（线段）最短。

解答 第 1 条线段 AB 最短。

总结

(1) 过一点可以画无数条直线。过两点只能画一条直线。

(2) 两点之间的连线，线段最短。

题型4 简单图形中角的个数

例 图中的射线共组成多少个角。

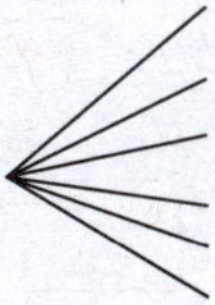

方法探究 同一个端点引出的 2 条射线可组成 1 个角，3 条射线可组成 3 个角，4 条射线可组成 6 个角……由此可得：射线的条数×（射线条线−1）÷2＝角的个数。此题中有 6 条射线，故有 $6\times(6-1)\div2=15$（个）角。

解答 图中共有15个角。

题型5 角表示的多样性

例 用角的符号写出下面的三个角。

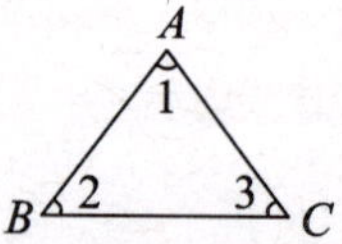

方法探究 图中的三个角可以表示为∠1、∠2、∠3和∠*A*、∠*B*、∠*C*，也可以用顶点和边一起表示，但顶点的字母必须写在两边的中间，如∠1或∠*A*可以表示为∠*BAC*或∠*CAB*。即此图中的三个角还可以表示为∠*BAC*、∠*ABC*、∠*ACB*或∠*CAB*、∠*CBA*、∠*BCA*。

解答 可以表示为∠1、∠2、∠3，也可以表示∠*A*、∠*B*、∠*C*，还可以表示∠*BAC*、∠*ABC*、∠*BCA*。

精选习题 练练看

考题天天练

一、先判断下图中哪些是直线？哪些是射线？哪些是线段？然后再填空

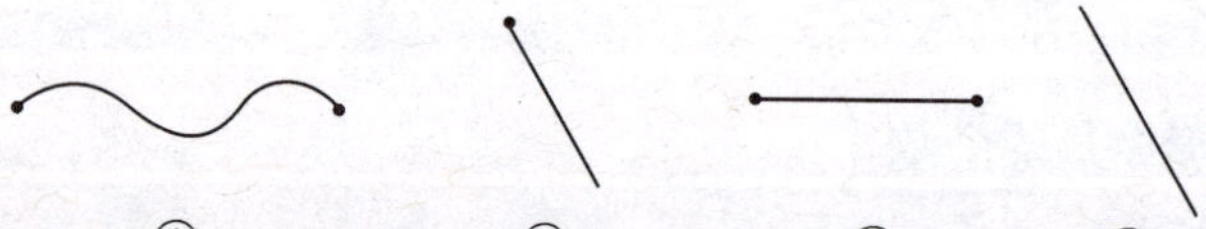

① ② ③ ④

1. 图________是直线，因为________________________________。
2. 图________是线段，因为________________________________。
3. 图________是射线，因为________________________________。

二、判断正误（对的打"√"，错的打"×"）

1. 一条直线长1000米。（ ）
2. 从一点引出的两条射线所组成的图形叫做角。（ ）

3. 角通常用符号“∠”表示。 (　　)

4. 直线有两个端点。 (　　)

5. 在同一平面内，经过两点只能画一条直线。 (　　)

三、想一想，填一填

1. 过一点可以画(　　)条射线。

2. 过一点可以画(　　)条直线。

3. 过两点可以画(　　)条直线。

四、按要求画一画

1. 画一条 5 厘米长的线段。

2. 过下面两点画一条直线。

五、表示出下列各角并读出下列各角

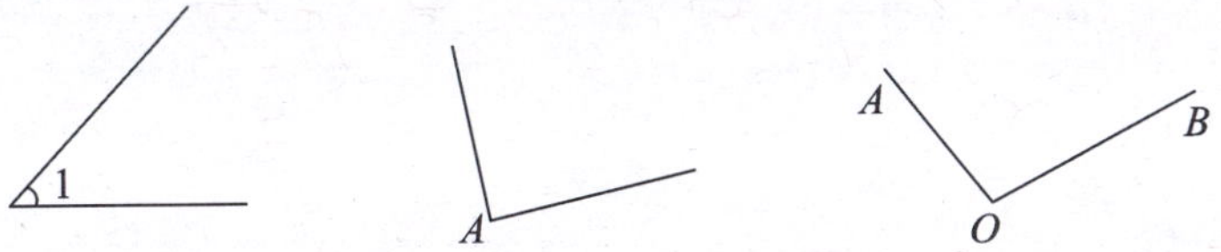

新题精练

一、过下面的 6 个点，可以画几条直线

二、数一数下列图形中各有多少条线段

1. 

2.

3. 

三、数一数下列图形中各有多少个角

1. 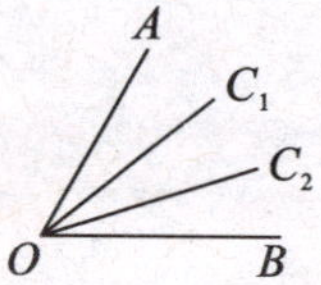

2. 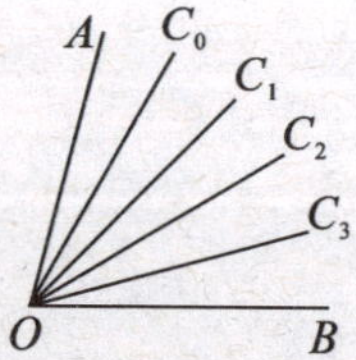

3. 

第二节　角的度量

我是重点：会用量角器正确地度量角的度数。

我是难点：用量角器度量角的方法。

教材知识讲坛

角的度量

情境导入

知识精讲

1. 要准备测量出角的大小，就要使用统一的单位和度量工具——量角器（又名半圆仪）。如图：

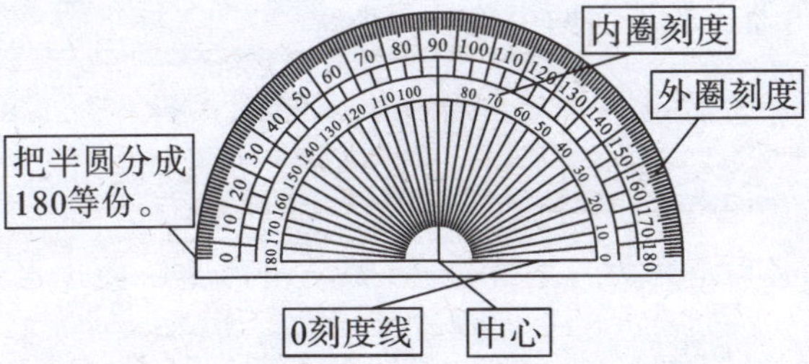

量角器的中心有一个点，叫中心点。量角器上有许多刻度，从中心到各刻度之间的连线叫做刻度线。为方便使用，量角器上有两条0刻度线和两圈刻度。一个是内圈刻度，一个是外圈刻度。

2. 角的计量单位和表示符号：把半圆分成 180 等份，每一份所对的角的大小为 1 度，可记作 1°，度是度量角的单位，可用符号“°”表示。
3. 度量角的方法：(1) 将量角器的中心点与角的顶点重合；(2) 使用量角器 0 刻度线与角一条边完全重合；(3) 角的另一条边所对应的量角器上的刻度，就是角的度数。

巧记 角的大小要度量，量角器就能帮忙，“中心”“顶点”要重合，“线边”重合很关键，另一条边找刻度，量角器上刻度现。

解题方法论坛

题型 1 角的大小比较

例 1 比较∠1 和∠2 的大小。

方法探究 用量角器测量角的度数，要特别注意角的两边所对应的刻度线，要在同一个范围内，如∠1 的一条边对应的刻度线在内圈，另一条边对应的刻度线也必须在内圈。以免出现错误，通过测量可知∠1＝60°，∠2＝120°，所以∠1 小于∠2。

解答 ∠1 小于∠2。

例 2 不用量角器比较下面两个角的大小。

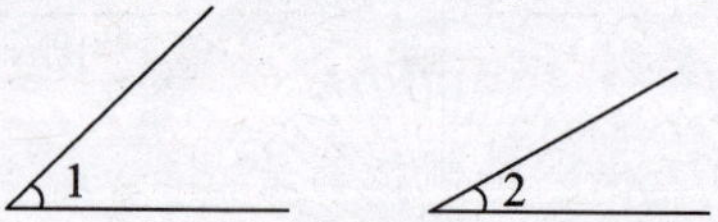

方法探究 将两个角的一条边重合，哪个角的另一条边在外侧哪个角就大。如：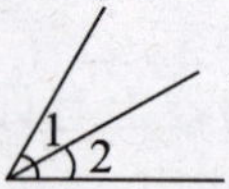 可知∠1 大于∠2。

解答 ∠1 大于∠2。

题型2 角的大小与边的关系

例 比较下面两组角的大小。

(1)

(2)

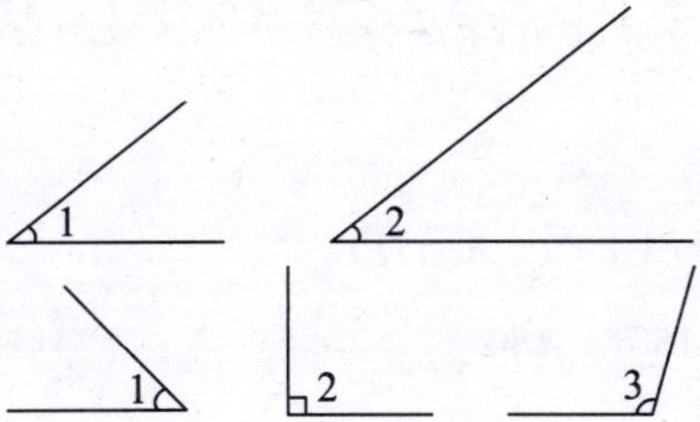

方法探究 通过测量比较可知,第(1)组角中∠1 的度数与∠2 的度数相等,但两条边的长度不同。第(2)组角中虽然它们的每条边的长度都相同,但是因两边叉开的大小不同导致角的大小也不相同,开口越大,角就越大。即∠1 小于∠2,∠2 小于∠3。

解答 (1)∠1 等于∠2。(2)∠1 小于∠2,∠2 小于∠3。

总结

角的大小与两边的长短无关,与两边叉开的大小有关;叉开得越大,角越大。

题型3 三角尺的妙用

例1 测量出下面两个三角尺的度数各是多少?

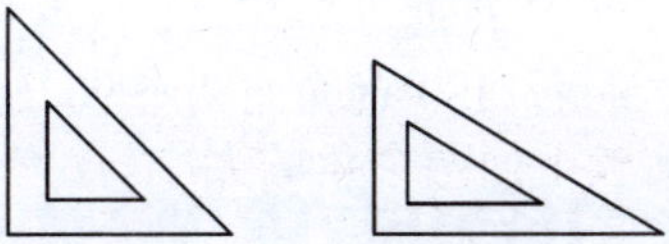

(1)　　(2)

方法探究 每个三角尺的规格都是相同的,可将现有的三角尺沿三条边画出两个三角形 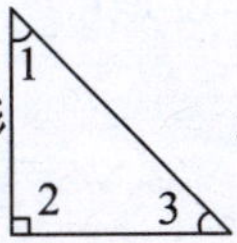 和 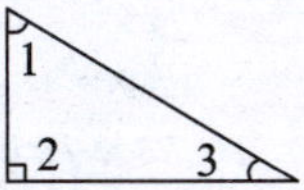 ,通过测量

提示 三角尺中每个三角尺各角的度数都是固定不变的,每一副三角尺有两个,一个三角尺各角的度数分别是45°、90°、45°,另一个三角尺的度数分别是60°、90°、30°。

可知，在图(1)中∠1=∠3=45°，∠2=90°，图(2)中∠1=60°，∠2=90°，∠3=30°。

解答 两个三角尺的度数分别为(1)45° 90° 45°；(2)60° 30° 90°。

例2 用一副三角尺如何拼出下面度数的角。

75° 105° 120° 135° 150° 180°

方法探究 一副三角尺各角的度数分别是30°、60°、90°、45°、45°、90°，可以用这些度数拼凑成一个新的度数，如：30°的角和45°的角可以组成75°的角

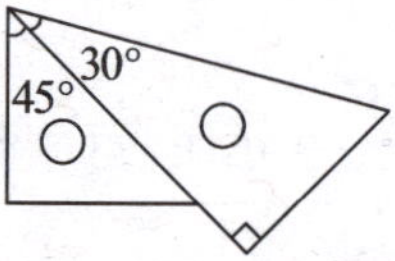

，60°的角和45°的角可以组成105°的角

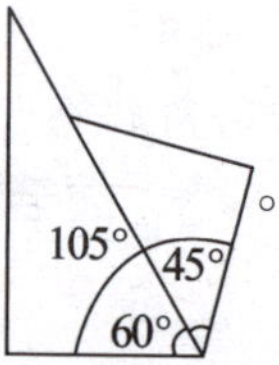

。

在拼凑图形时，要将所需两个角的顶点，放在一起，形成一个顶点，其中两个三角尺的一条边紧挨起来。如图中所示。

解答 75°的角用一个45°的角和一个30°的角拼成。105°的角用一个45°的角和一个60°的角拼成。120°的角用一个90°的角和一个30°的角拼成。135°的角用一个90°的角和另一个45°的角拼成。150°的角用一个90°的角和一个60°的角拼成。180°的角用两个90°的角拼成。(图略)

精选习题练练看

考题天天练

一、填一填

1. 度量角的大小可以用(   )度量，角的计量单位是(   )，30度可以表示为(   )。
2. 角的大小与(   )无关，与(   )有关。
3. 钟面上的分针从12转到1，形成的角是(   )度。

二、量出下列各角的度数

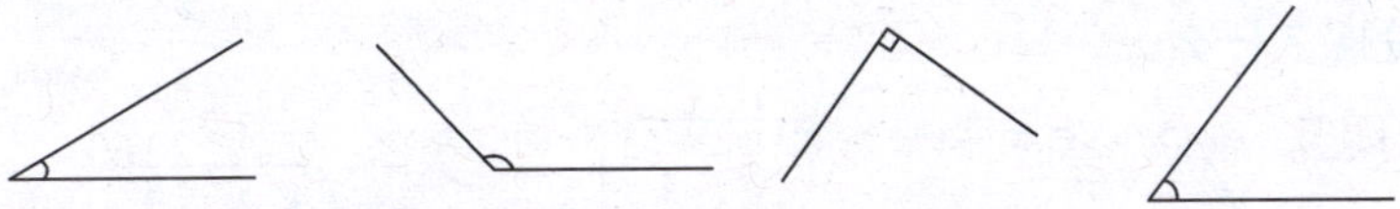

(　　) (　　) (　　) (　　)

三、连一连

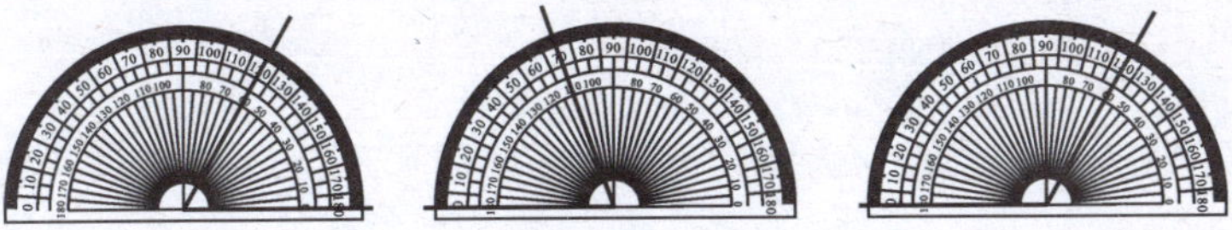

120°　　70°　　60°

四、量一量

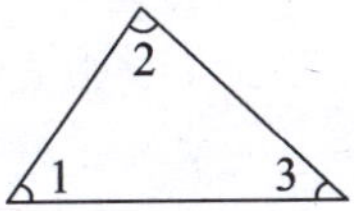

∠1 = (　　)

∠2 = (　　)

∠3 = (　　)

∠1 + ∠2 + ∠3 = (　　)

五、用两种方法比较下面两角的大小

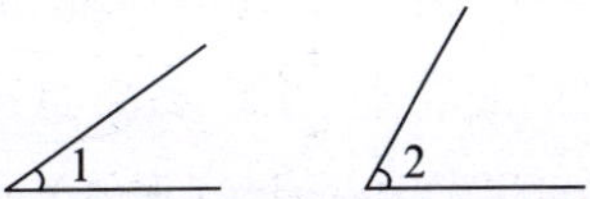

新题精练

一、小华用一个 10 倍的放大镜看一个 45 度的角，这个角是(　　)度，为什么？

二、先量出每个图形各个角的度数,再计算出每个图形中所有角的度数,你发现了什么

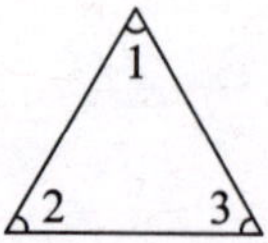

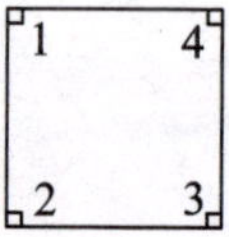

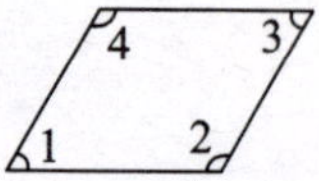

三、下图是把一张正方形纸用两种方法对折两次后再打开的图形,请你在图中标出45°和135°的角

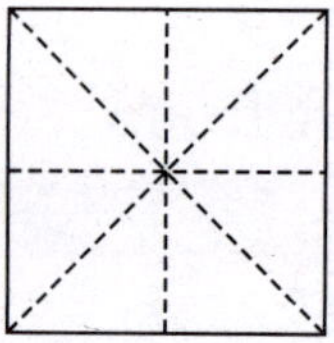

四、自己试着做一做

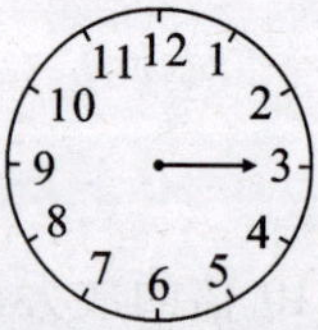

1. 指针从3的位置,顺时针方向转到6的位置,指针转了(　　)度。

2. 指针从3的位置,顺时针方向转到8的位置,指针转了(　　)度。

3. 指针从3的位置,逆时针方向转到11的位置,指针转了(　　)度。

第三节　角的分类与画角

认识周角、平角，区分锐角、钝角、直角和平角及周角。

如：

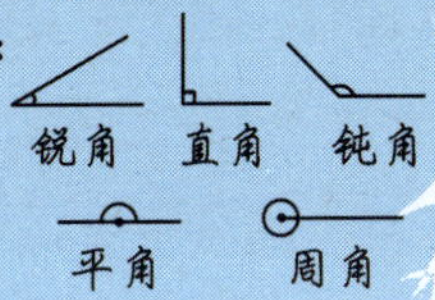

理解周角的概念和用量角器画角的方法。

教材知识讲坛

一、平角和周角的认识

情境导入

你见过像这样的角吗？

（1）　　（2）

平角　　周角

知识精讲

1. **平角和周角**

   像图(1)旋转半周得到一个角的两边在一条直线上，这样的角叫做平角，1 平角 = 180°。

   像图(2)一边旋转一周得到一个周角。即：一条射线绕它的端点旋转一周所形成的角叫做周角，1 周角 = 360°。

2. **平角和周角的关系。**

   $$\left.\begin{array}{l}1\text{ 平角}=180^\circ\\1\text{ 周角}=360^\circ\end{array}\right\}\Rightarrow 1\text{ 周角}=2\text{ 平角}$$

二、角的分类

情境导入

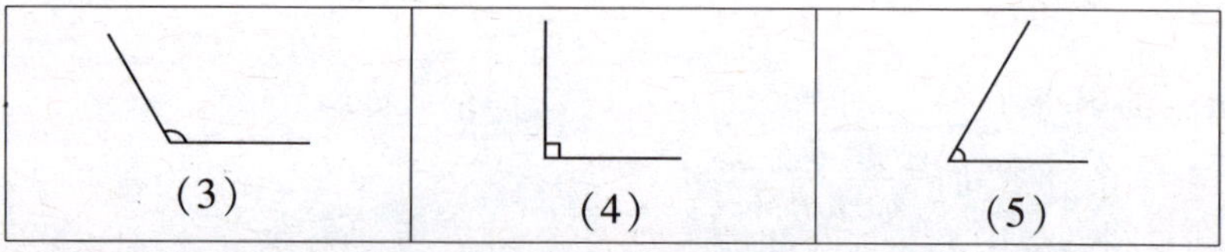

你认识上图中的角吗？说说它们的名称。

七嘴八舌

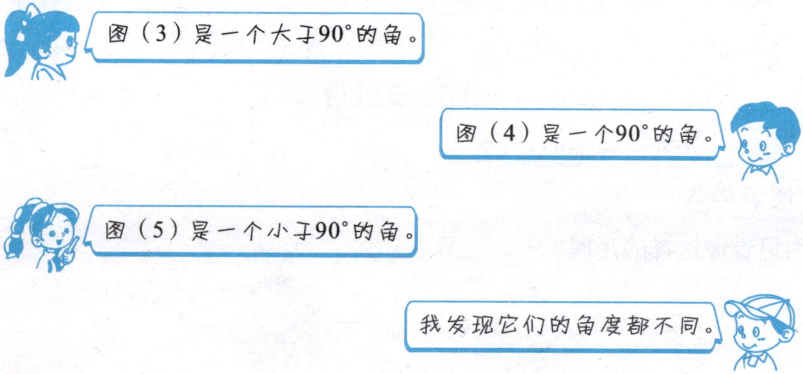

知识精讲

1. 角之间的关系。

像图(3)中大于90°的角叫做钝角,像图(4)中等于90°的角叫做直角,像图(5)中小于90°的角,叫做锐角。它们之间的关系可以表示为:锐角<直角<钝角。

2. 各类角的特点。

名称	角				
图形	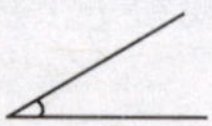	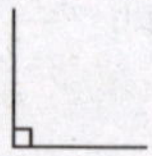	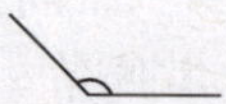		
特点	小于90°	等于90°	大于90° 小于180°	等于180°	等于360°

三、角的画法

问题导入

画一个45°的角。

知识精讲

1. 画一条射线,如。
2. 使量角器的中心与射线的端点重合,0刻度线与射线重合,在45°刻度线的地方点一个点,如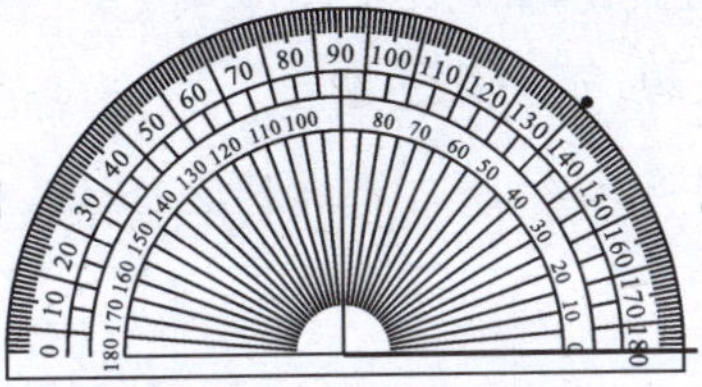。
3. 以画出的射线的端点为端点,通过刚画的点,再画一条射线如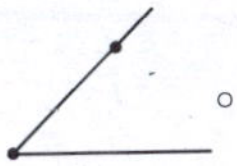。

规则提示!

画角时,要注意做到“两重合”,即量角器的中心与顶点重合,0刻度线与所画的一条边重合;还要看准度数及所画的边对应的0刻度线在内圈还是外圈。

我的空间 我来补充笔记

解题方法论坛

题型1 角的归类

例 将下面各角度填在相应的位置。

35°　91°　126°　90°　360°　89°　180°

(1)锐角:(　　　　　　)　(2)直角:(　　　　　　)

(3)钝角:(　　　　　　)　(4)平角:(　　　　　　)

(5)周角:(　　　　　)

方法探究 将所给的角与90°的角作比较,小于90°的角是锐角,等于90°的角是直角,大于90°的角是钝角,等于180°的角是平角,等于360°的角是周角。

解答 (1)锐角:(35°　89°)　　(2)直角:(90°)

(3)钝角:(91°　126°)　(4)平角:(180°)　　(5)周角:(360°)

题型2 有关角度的运算

例1 动脑想一想,算一算。

(1)∠1+∠2=(　　)

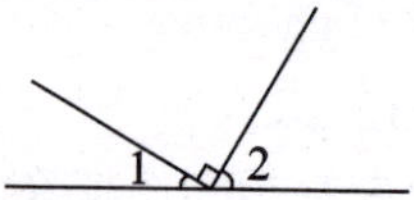

(2)∠1=(　　)

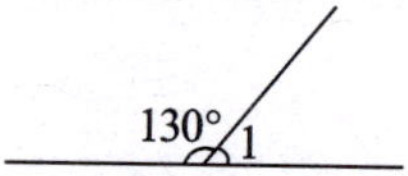

(3)∠1=(　　)

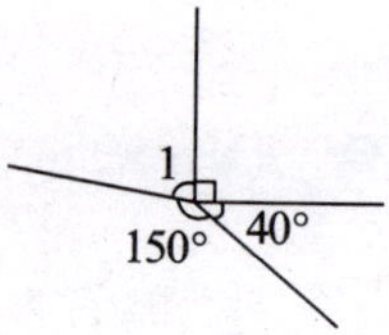

(4)已知∠1=55°,
则∠2=(　　),∠3=(　　),
∠4=(　　)。

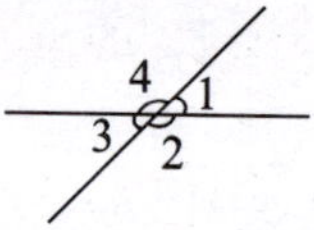

方法探究 (1)中∠1、∠2和直角合在一起形成了一个平角,也就是∠1+∠2+90°=180°,所以∠1+∠2=180°-90°=90°。

(2)中∠1和130°合在一起形成了一个平角,则∠1+130°=180°,∠1=180°-130°=50°。

(3)中∠1、直角、40°的角和150°的角合在一起形成一个周角,一个周角是360°,也就是∠1+40°+150°+90°=360°,则∠1=360°-150°-90°-40°=80°。

(4)中∠1和∠2合在一起是一个平角,则∠2=180°-55°=125°,∠2和∠3合在一起是一个平角,则∠3=180°-125°=55°,∠3和∠4合在一起也是一个平角,则∠4=180°-55°=125°。

解答 (1)∠1+∠2=90°　(2)∠1=50°　(3)∠1=80°

(4)∠2=125°　∠3=55°　∠4=125°

例2 将一张圆形的纸对折3次,可以得到那些度数的角?

方法探究 一张圆形的纸相当于一个周角,将圆形纸对折一次成为一个半圆形,即一个平角,再对折一次则是四分之一的圆,即成为一个直角,最后对折一次,也就是将90°的角平分构成一个45°的角。如下图:

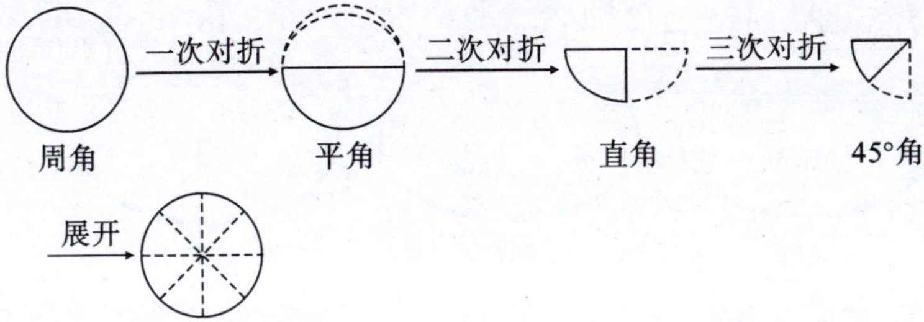

解答 对折一次可得到180°角,对折二次可得到90°角,对折三次可得45°角,展开后,可得到180°、90°、45°、135°(90°+45°)四种角。

题型3 灵活运用三角尺画特殊角

例 用三角尺画一个15°的角。

方法探究 用一个含有45°角的三角尺画一个45°角,再以这个角的一边为边,在这个角上用另一个含有30°角的三角尺画一个30°的角,剩余部分的角的度数为15°。

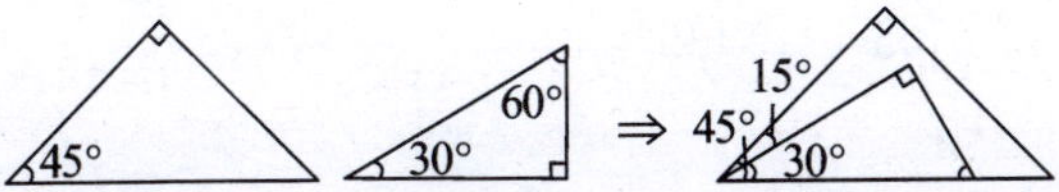

解答

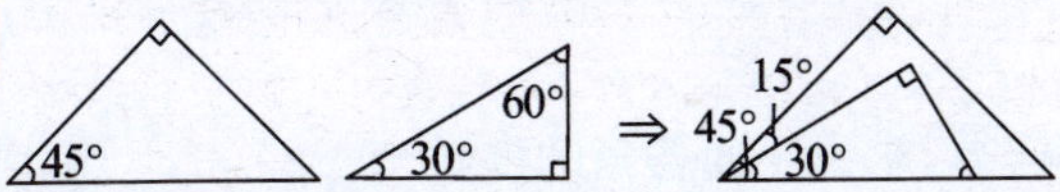

总结

画角时通常用量角器,在遇到特殊角如15°、30°、45°、60°、75°、90°、105°、120°、135°、150°的角时,可以借助三角尺画更简便。

精选习题练练看

考题天天练

一、把下面各角的度数分别填在相应的圈内

18°　139°　115°　1°　145°　67°　90°　270°　181°　95°

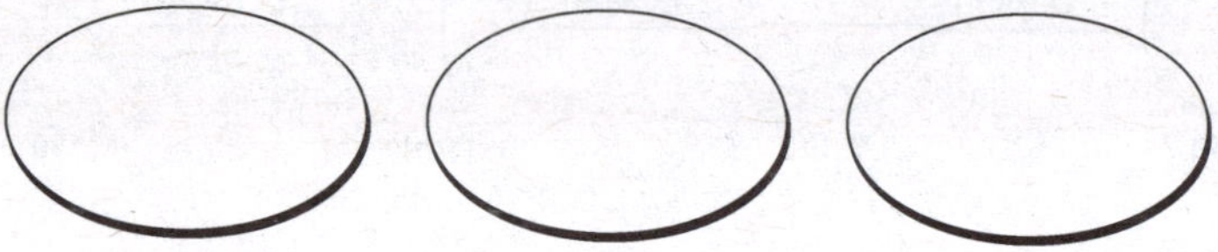

直角　　　　锐角　　　　钝角

二、火眼金睛

1. 一条射线就是一个周角。（　　）
2. 平角是直角的 2 倍，是周角的一半。（　　）
3. 比钝角小的角一定是锐角。（　　）

三、选一选（将正确答案的序号填在括号里）

1. 9:35 时，时针和分针的夹角是（　　）。

A. 锐角　　　B. 直角　　　C. 钝角

2. 比平角小 91°的角是（　　）。

A. 钝角　　　B. 锐角　　　C. 直角

四、画出下面各角

20°　　45°　　65°　　135°

五、想一想，算一算，求出下面各角的度数

1. 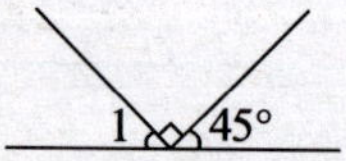

∠1 =（　　）

2. 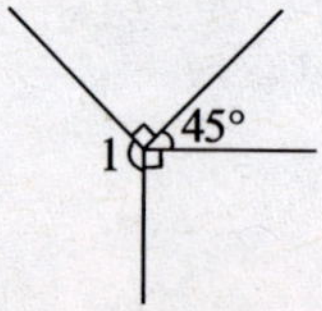

∠1 =（　　）

3. 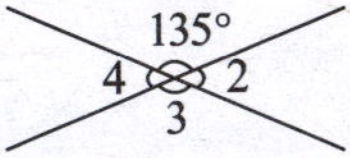

∠2＝(　　)　∠3＝(　　)　∠4＝(　　)

新题精练台

一、看图填空

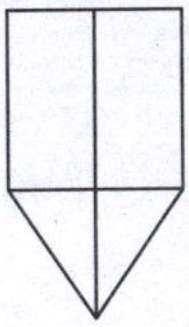

左图中有(　　)个锐角,(　　)个直角,(　　)个钝角,(　　)个平角。

二、下图是一张长方形纸折出来以后的图形,已知∠1＝40°,求∠2是多少度。

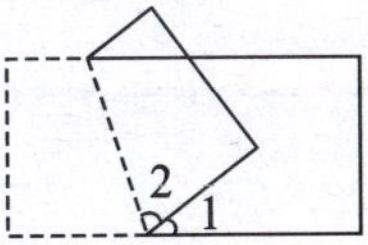

三、下图中∠1＝∠2＝∠3,且所有锐角的和等于180°,求∠AOB是多少度。

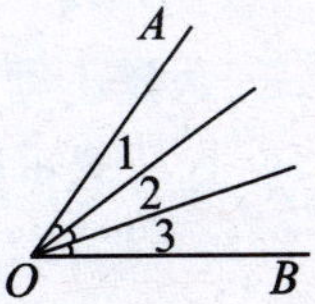

第二单元测试

一、填一填

1. 量角器可以用来测量角的(　　)。
2. 从一点引出两条(　　),所组成的图形叫做角,这个点叫做角的(　　),这两条(　　)叫做角的边。
3. 145°的角比平角小(　　),比直角大(　　)。
4. 30°角的(　　)倍是直角,30°角的(　　)倍是平角,30°的(　　)倍是周角。
5. (　　　　)时,时针和分针成直角;(　　)时,时针和分针成平角。
6. 下图中有(　　)条线段。

7. 用5倍的放大镜看20°的角,这个角是(　　)。

二、选一选(将正确答案的序号填在括号里)

1. 通过一点能画(　　)条直线。
   A. 1　　B. 2　　C. 无数
2. 直线和射线都是(　　)的。
   A. 不可度量　B. 可度量　C. 不可延长
3. 两个锐角的和一定是(　　)。
   A. 锐角　　B. 钝角　　C. 直角　　D. 不能确定
4. 右图中,如果∠1 = 125°,那么∠2是(　　)。
   A. 125°　　B. 75°　　C. 225°

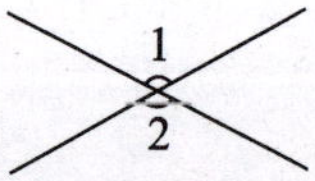

三、我是小画匠

1. 按要求画角。
   (1)35°　　(2)98°　　(3)175°
2. 过点A画两条直线。

· A

四、按要求完成下面各题

1. 先量出下面各角，然后再填空。

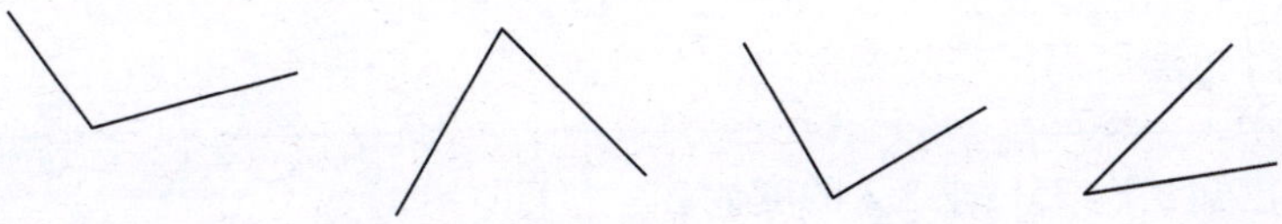

(　　)度　　(　　)度　　(　　)度　　(　　)度

(　　)角　　(　　)角　　(　　)角　　(　　)角

2. 数一数，下图中各有几个角。

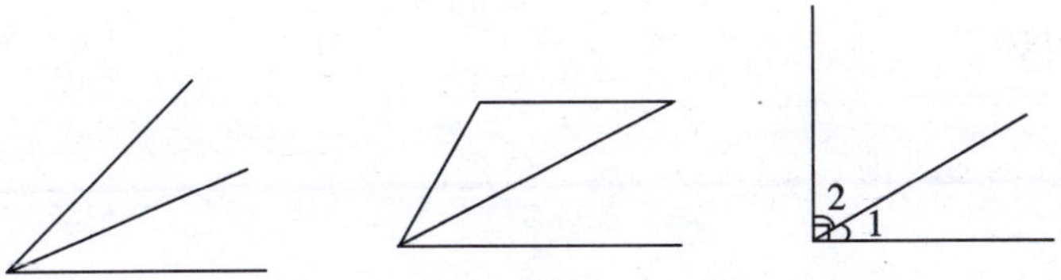

(　　)个角　　(　　)个角　　(　　)个锐角

(　　)个直角

3. 找一找，把序号填在相应的圈里。

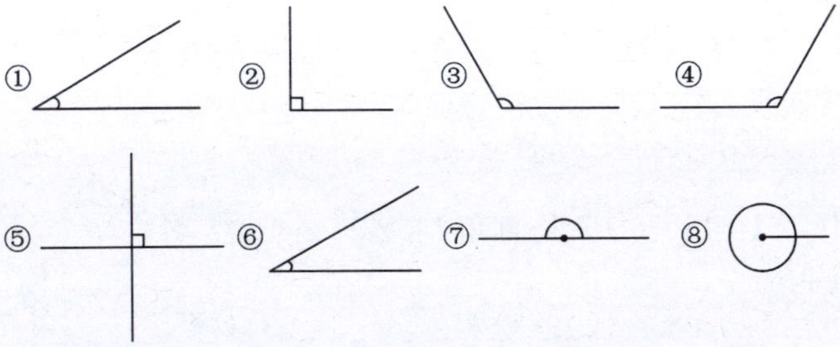

直角	钝角	锐角	平角	周角

五、求出下列各角的度数

1.

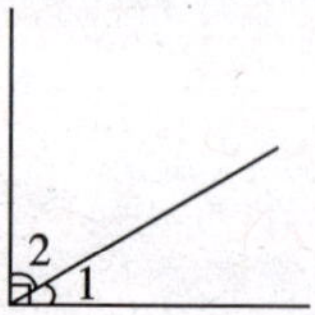

已知∠1=35°,求∠2的度数。

2. 下图中,∠1=30°,∠2=120°,求∠3的度数。

3. 在下图中,已知∠1=30°,求∠2,∠3,∠4的度数。

4. 右图中,∠1=130°,∠3是直角,求∠2,∠4,∠5各是多少度。

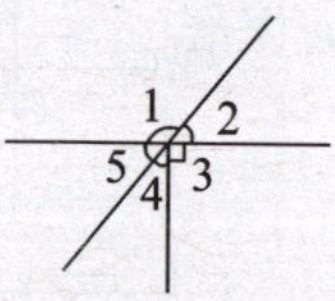

假期作业
调查××？，这次的作业很不一样啊！这么说我们要外出走访了？
我调查，一个小时，通过xx大厦的小汽车。
好多，每分钟104辆，一个小时，算算……
没错！6240，最好估算一下，100乘60秒！我们精确和估算都要有！
我现在开始汇报调查结果……

第三单元　三位数乘两位数

单元目标抢先看

1. 掌握一位数乘两位数(积在100以内)或几百几十数的口算方法。通过两位数乘两位数的笔算方法推出并掌握三位数乘两位数的笔算方法。

2. 熟悉速度的表示法,从实际问题中抽象出时间、速度和路程之间的关系,并应用这种关系解决问题。

3. 掌握乘法的估算方法,在解决具体问题的过程中能应用合适方法进行估算。

第一节　口算乘法

掌握两位数乘一位数的口算方法。如:口算 $16\times3=10\times3+6\times3=30+18=48$

类推几百几十数乘一位数的口算。如:$25\times3=75\Rightarrow250\times3=750$

教材知识讲坛

一、口算两位数乘一位数

问题导入

人骑自行车1小时约行16千米,3小时可以行多少千米?

七嘴八舌

求3小时行多少千米就是求3个16千米是多少。

可列式为16×3。

知识精讲

求 3 小时行多少千米，可列式为 16×3。可用前面学过的竖式计算：

$$\begin{array}{r} 1\ \ 6 \\ \times\quad\ \ 3 \\ \hline 4\ \ 8 \end{array}$$

。也可采用拆分法：将 16 分成 10 和 6，然后分别乘 3，最后再把积相加。即 10×3 = 30，6×3 = 18，30 + 18 = 48。比较两种方法，第二种方法更为简捷，直接可以口算得出。像这样的解题方法，我们可归纳为两位数乘一位数的口算方法，即先把两位数分成几十和几，再分别乘一位数，最后把两次乘得的积加起来。

二、几百几十数乘一位数的口算方法

问题导入

特快列车 1 小时约行 160 千米，3 小时可行多少千米？

七嘴八舌

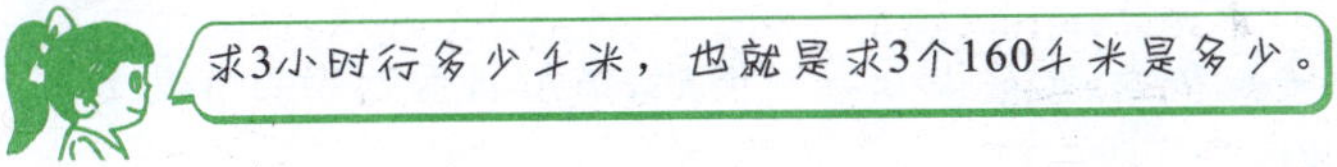

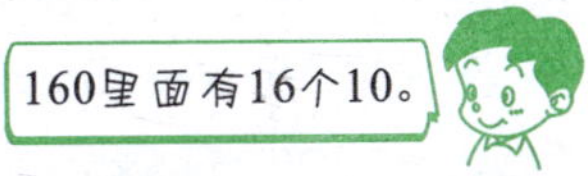

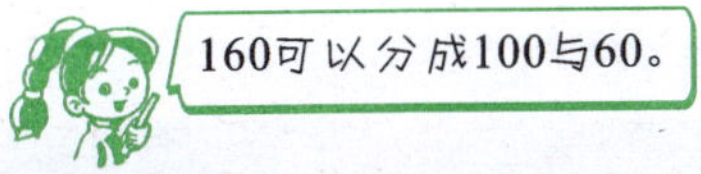

知识精讲

1. 求特快列车 3 小时行多少千米，可列式为 160×3。

2. 口算 160×3。方法一：拆分法。

160 ＜ 100 → 100 × 3 ↘
×3　　　　　　　　= 480
160 ＜ 60 → 60 × 3 ↗

方法二：可以先将 0 前面的数相乘，即 16×3 = 48，再在得数后面添一个 0，即 480，如下图所示。

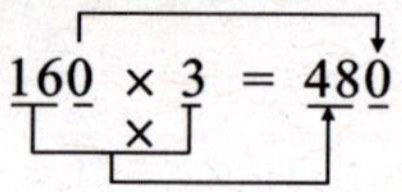

比较两种算法，方法二更为简便，像方法二这种计算方法我们归纳为几百几十乘一位数的口算方法，即先按照两位数乘一位数的口算方法，用一位数乘几百几十的前两位数，然后再在得数后面添一个0。

解题方法论坛

题型1 利用两位数乘一位数的口算方法比较大小

例 在○里填上“>”“<”或“=”。

39×7 ○ 245　　　　58×3 ○ 182

25×5 ○ 100　　　　25×4 ○ 100

方法探究 观察所给算式，都是两位数乘一位数，即可利用两位数乘一位数的口算方法，先算出各算式的积，然后再与所给数作比较。

39×7＝30×7＋9×7＝273

58×3＝50×3＋8×3＝174

25×5＝20×5＋5×5＝125

25×4＝20×4＋5×4＝120

解答 >　　<　　>　　=

题型2 利用乘法口算方法算出积并找规律

例1 算一算，你发现了什么？

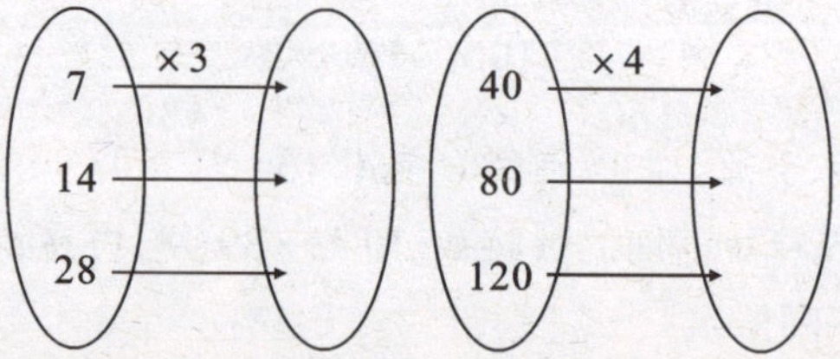

方法探究 利用乘法口算方法可乘得第一组的积依次为21、42、84，第二组的积依次是160、320、480。仔细观察每一组中的因数以及积的变化，如第一组中因数3不变，另一个因数从7→14扩大到它的2倍，积从21→42也扩大到它的2倍。

解答 第一组:21 42 84　第二组:160 320 480

我发现了:一个因数扩大到它的几倍，另一个因数不变，积也扩大到与它相同的倍数。

总结

根据乘法的口算方法能够很快地解决此类问题，同时也能快速地总结出规律。

例2 找规律，再计算。

310+320+330+340+350=(　　)×(　　)

方法探究 观察算式可得出310+350=320+340=330×2，所以该等式可写为330×2+330×2+330=330×(2+2+1)=330×5。

解答 330　5

总结

在求和的过程中，把几个不同加数变成相同的加数，变加法为乘法，从而使计算简便。

题型3 "买几送几"的实际应用

例 每瓶奶茶4元钱，买四送一。48名学生每人1瓶，要买多少瓶奶茶，花多少钱?

方法探究 "买四送一":花4瓶的钱能得到5瓶奶茶，以5瓶为一组，48名学生每人1瓶，而48瓶可分为48÷5=9(组)……3(瓶)，9组余3瓶，根据买四送一可知，要买9×4+3=36+3=39(瓶)，所花钱数为39×4=156(元)。

解答 48÷(4+1)=9(组)……3(瓶)　4×9+3=36+3=39(瓶)

39×4=156(元)

答:要买39瓶奶茶,花156元。

精选习题练练看

考题天天练

一、口算下面各题

17×3=	16×5=	210×4=	18×2=
12×8=	26×3=	460×2=	280×3=
310×3=	18×5=	7×13=	250×8=
170×2=	200×4=	160×3=	150×6=

二、填一填,你发现了什么

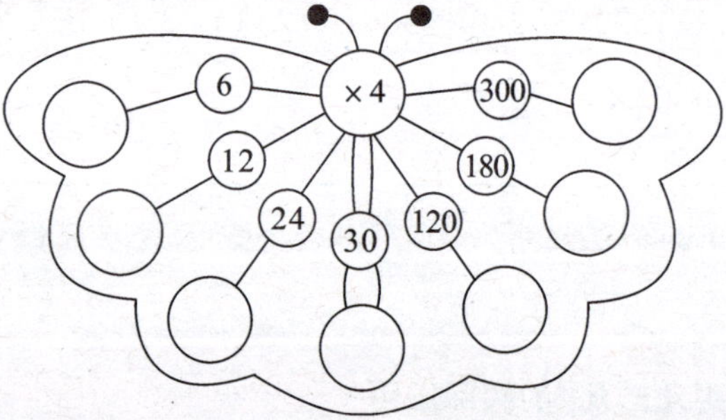

三、在 ◯ 里填上">""<"或"="

62×5 ◯ 310	14×20 ◯ 820	48×6×0 ◯ 8
26×10 ◯ 10×26	17×5 ◯ 17×50	89×100 ◯ 99×89

四、找规律，填一填

11+11+11+11+11 = □ × □ = □

13+14+15+16+17 = □ × □ = □

110+120+130+140+150 = □ × □ = □

五、解决问题

1. 自行车每小时行 16 千米，飞机的速度是自行车的 50 倍。这架飞机每小时飞行多少千米？

2. 每个篮球 120 元，张老师带了 1000 元，买 8 个篮球够吗？

3. 某花店在母亲节这天做促销活动，康乃馨 36 元/束，买 2 束送 1 束，王超买 3 束康乃馨，每束能节省几元？

新题精练台

一、照样子填一填

$43\times2=86$　　　　$430\times2=860$

$29\times3=87$　　　　$290\times3=(\quad)$

$25\times6=150$　　　　$250\times6=(\quad)$

二、一盒牛奶3元钱，买6盒送1盒，给42名学生每人买一盒牛奶，要花多少钱？

三、养鸡场9月份前5天的产蛋量分别是750个、740个、730个、770个、760个，请你估计一下养鸡场9月份的产蛋量会是多少？

四、想一想，在方框里应填几 2□0×3=□40。

第二节　笔算乘法

熟练掌握三位数乘两位数的笔算方法及因数中间或末尾有0的三位数乘两位数的笔算方法。

理解“速度”概念以及理解速度、时间、路程之间的关系，会利用它们之间的关系解决实际问题。

教材知识讲坛

一、三位数乘两位数的笔算方法

问题导入

李叔叔从某城市乘火车去北京用了12小时，火车1小时行145千米，该城市到北京有多少千米？

七嘴八舌

求距离，我用速度×时间，可是145×12怎么算呢？

把145看成150，把12写成10+2，150×10得1500，150×2得300，比1800千米少一些。

$$\begin{array}{r} 145 \\ \times\quad 12 \\ \hline 290 \\ 145 \\ \hline 1740 \end{array}$$

我用计算器验算过了，你算对了。

知识精讲

1. 火车1小时行145千米，从某城市到北京用了12小时，求火车所行驶的路程也就是求 12 个 145 千米是多少，用乘法计算，可列式为 145×12。计算 145×12＝1740（千米）。

```
      1 4 5
  ×     1 2
  ---------
      2 9 0   ——→ 先用个位上的2乘145
    1 4 5     ——→ 再用十位上的1乘145
  ---------
    1 7 4 0   ——→ 最后把乘得的积相加
```

2. 三位数乘两位数的笔算方法：先用两位数个位上的数去乘三位数，乘得的积的末位和两位数的个位对齐；再用两位数十位上的数去乘三位数，乘得的积的末位和两位数的十位对齐，然后把两次乘得的积相加。

二、因数中间或末尾有0的乘法的笔算方法

问题导入

特快列车每小时可行 160 千米，普通列车每小时可行 106 千米，它们 30 小时各行多少千米？

知识精讲

特快列车每小时行 160 千米，30 小时行 160×30 千米；普通列车每小时行 106 千米，30 小时行 106×30 千米。

如何计算 160×30，106×30 呢？以下方法可以帮助解决。

方法一：

```
     1 6|0
  ×  3  |0
  ---------
     4 8|0 0
先算16×3   再添两个0

     1 0 6|
  ×    3  |0
  -----------
     3 1 8|0
```

方法二：

```
     1 6 0
  ×    3 0
  ---------
     0 0 0   ← 可省略
   4 8 0
  ---------
   4 8 0 0

     1 0 6
  ×    3 0
  ---------
     0 0 0   ← 可省略
   3 1 8
  ---------
   3 1 8 0
```

通过比较，方法一比方法二简便，即因数末尾有 0 的乘法的简便算法是：先把 0 前面的数相乘，再看两个因数末尾一共有几个 0，就在积的末尾添写几个 0。

三、速度及速度的表示方法

情境导入

图 1

图 2

图 3

七嘴八舌

图1中马拉车的速度是每小时约10千米。

图2中自行车的速度是每小时约16千米。

图3中汽车的速度是每小时约80千米。

汽车的速度是最快的。

知识精讲

三幅图中所表示的数据都是某种交通工具的速度，表示在单位时间内所行驶的路程。

1. 速度的表示方法。

用统一符号表示速度：所行的路程/时间单位。如：自行车的速度是 16 千米/时，16 千米/时读作 16 千米每时；汽车的速度约是 80 千米/时，80 千米/时读作 80 千米每时。

2. 速度、时间和路程之间的关系。

速度是指单位时间内所行的路程，即所行的路程与所用时间的比值就是速度，用式子表示为：速度 $=\dfrac{\text{所行的路程}}{\text{所用时间}}$，写成公式为：速度×时间=路程。

解题方法论坛

题型1 判断题

例 下面的计算对吗？（对的打"√"，错的打"×"并改正）

(1)
$$\begin{array}{r} 543 \\ \times\quad 17 \\ \hline 3801 \\ 543 \\ \hline 4344 \end{array}\ (\quad)$$

(2)
$$\begin{array}{r} 165 \\ \times\quad 58 \\ \hline 1280 \\ 825 \\ \hline 9530 \end{array}\ (\quad)$$

方法探究 算式(1)是错误的，题中两位数十位上的数字与三位数相乘的积的末位应与两位数的十位对齐，如
$$\begin{array}{r} 543 \\ \times\quad 17 \\ \hline 3801 \\ 543 \\ \hline 9231 \end{array}$$
。算式(2)也是错误的，三位数乘两位数应先用两位数个位上的数字乘三位数，乘得的积的末位与两位数的个位对齐，再用两位数十位上的数字乘三位数，乘得的积的末位与两位数的十位对齐，如
$$\begin{array}{r} 165 \\ \times\quad 58 \\ \hline 1320 \\ 825 \\ \hline 9570 \end{array}$$
。

解答 (1)× 改正：
$$\begin{array}{r} 543 \\ \times\quad 17 \\ \hline 3801 \\ 543 \\ \hline 9231 \end{array}$$
(2)× 改正：
$$\begin{array}{r} 165 \\ \times\quad 58 \\ \hline 1320 \\ 825 \\ \hline 9570 \end{array}$$

题型2 因数末尾的“0”与积末尾的“0”的关系

例 判断对错。

两个因数的末尾共一有几个0，积的末尾就一定有几个0。（　　）

方法探究 在计算因数末尾有0的乘法时，因数末尾一共有几个0，在积的末尾就添几个0，不一定积的末尾0的个数与因数末尾0的个数相同，因为因数与0前面的数相乘也可能产生0，所以积的末尾的0的总数不一定是两个因数末尾0的总数。如50×20＝1000，因数末尾共有2个0，而积末尾共有3个0。

解答 ×

题型3 利用“速度×时间＝路程”解决实际问题

例1 一辆货车3小时行驶了120千米，这辆货车平均每小时行驶多少千米？

方法探究 由“速度×时间＝路程”可得出速度＝路程÷时间，根据题中“3小时行驶了120千米”可知3小时行驶的总路程为120千米，用总路程除以所用时间即为货车的速度，可列式为120÷3。

> **提示** 由速度×时间＝路程，可得速度＝路程÷时间，时间＝路程÷速度。

解答 120÷3＝40（千米/时）

答：这辆货车平均每小时行驶40千米。

例2 一列火车的车身长700米，以每秒9米的速度行驶，经过一座长为2000米的大桥，请问从车头上桥到车尾离桥共需要多长时间。

方法探究 可利用图示方法来说明。如图：

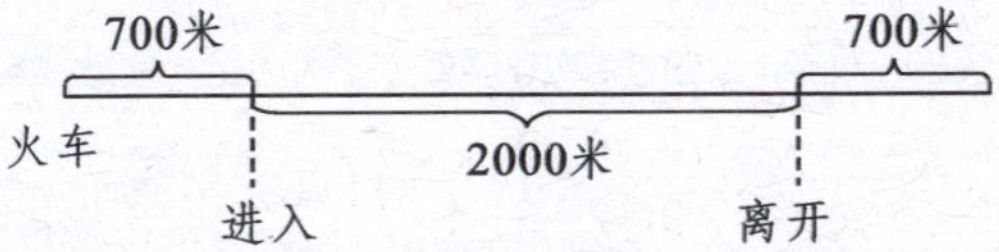

由上图可知，从车头上桥到车尾离桥，所行驶的路程不是桥的长度，而是桥与车身的总长，行驶的路程和速度确定了，便可根据“路程÷速度=时间”求出这列火车过桥的时间。

提示 在解决较复杂的路程问题时，可利用图示分析题意。

解答 2000+700=2700(米)，由路程÷速度=时间得2700÷9=300(秒)。

答：从车头上桥到车尾离桥共需要300秒。

例3 鸵鸟的速度是72千米/时，非洲野狗的速度是56千米/时，鸵鸟跑7小时的路程与非洲野狗跑8小时的路程哪个远？远多少？

方法探究 根据路程=速度×时间可知：

鸵鸟跑7小时的路程为72×7=504(千米)，非洲野狗跑8小时的路程为56×8=448(千米)。504>448，所以可知鸵鸟7小时跑的路程比非洲野狗8小时跑的路程远，远504−448=56(千米)。

解答 72×7=504(千米)　56×8=448(千米)

504−448=56(千米)

答：鸵鸟跑7小时的路程比非洲野狗跑8小时的路程远，远56千米。

题型4 求算式的最大值

例 用“0，4，5，6，7”组成三位数乘两位数的算式，使它们的乘积最大。(其中数字不重复使用)

方法探究 要使所组成的三位数乘两位数的积最大，需将这几个数中最大的一个数字放在三位数的百位上，次小于最大数字的数放在两位数的十位上，即为7□□×6□，利用剩下的几个数字先与6组成一个最大的两位数65，最后再用剩下的“0”、“4”与“7”组成最大的三位数740，则可得算式740×65。

解答 所得算式是740×65。

精选习题练练看

考题天天练

一、看谁算得对又快

31×10=	310×100=	95×20=	64×8=
160×70=	560×8=	50×22=	310×30=
650×5=	0×99+15=	800×5=	0×90=

二、火眼金睛（对的打“√”，错的打“×”）

1. 两个因数的末尾共有几个0，积的末尾就至少有几个0。（ ）
2. 最大的三位数与最小的两位数的乘积是9990。（ ）
3. 0与任何数相乘都得0。（ ）

三、填一填

1. 526×35的积是（ ）位数，积是（ ）。
2. 432×25应先算（ ），再算（ ），最后得（ ）。
3. 蜗牛爬行速度是每小时7米，可写作（ ）。
4. 一颗卫星3秒运行24千米，它的速度是（ ）。

四、下面的计算对吗？如果不正确请改正

```
    2 1 7
×     1 3
---------
    6 5 1
    2 1 7
---------
    8 6 8
```

改正：

（ ）

```
    1 6 2
×     1 4
---------
    1 6 2
  6 4 8
---------
  6 6 4 2
```

改正：

（ ）

五、在〇里填上“>”“<”或“=”

16×50 〇 160×5　　　32×30 〇 10×69

12×300 〇 120×40　　　18×200 〇 20×170

六、笔算下面各题

652×38 =　　　906×45 =　　　610×43 =　　　750×20 =

七、解决问题

1. 逸夫小学有 36 个班，每个班有 25 名学生，逸夫小学共有多少名学生？

2. 学校买来一些练习本，分给 18 个班，每班分 182 本，还剩 260 本，学校一共买来多少本练习本？

3. 李老师带了 4500 元给全班 32 名同学订购运动服，若一套运动服的售价为 132 元，李老师带的钱够吗？

4. 两座城市相距 300 千米，一辆汽车从一座城市驶向另一座城市，去时用了 6 小时，返回时少用了 1 小时。

(1) 去时的速度是多少？

(2) 返回时的速度是多少？

新题精练台

一、一个两位数与 101 相乘的速算

$86\times101=$　　$101\times39=$　　$101\times74=$

二、用“1,3,5,7,9”组成一个三位数乘两位数的乘积最大的算式,并计算出结果。

三、在一座桥上每隔 5 米挂一盏灯,从桥的一端到另一端共挂了 221 盏(两端各一盏)。这座桥长多少米?

四、在□里填上适当的数字

$$\begin{array}{cccc} & \square & 2 & 6 \\ \times & & 1 & \square \\ \hline 1 & \square & 3 & \square \\ 1 & \square & \square & \\ \hline 2 & \square & 9 & 4 \end{array}$$

第三节　积的变化规律及乘法估算

在乘法运算中探索积的变化规律，掌握积的变化规律。如：探究$6\times2=12$，$6\times20=120$，$6\times200=1200$的变化规律。

培养学生估算的能力及掌握估算的方法。如：估算$42\times368\approx1600$。

教材知识讲坛

一、积的变化规律

问题导入

观察下面两组题，你发现了什么？

$6\times2=12$	$20\times4=80$
$6\times20=120$	$10\times4=40$
$6\times200=1200$	$5\times4=20$

七嘴八舌

我发现每组数的乘积之间存在倍数关系。

20是2的10倍，120是12的10倍。

200是20的10倍，1200是120的10倍。

知识精讲

1. 观察第一组算式。

$$\begin{array}{ccccc} 6 & \times & 2 & = & 12 \\ \text{不变}\downarrow & & \downarrow\times10 & & \downarrow\times10 \\ 6 & \times & 20 & = & 120 \end{array} \qquad \begin{array}{ccccc} 6 & \times & 2 & = & 12 \\ \text{不变}\downarrow & & \downarrow\times100 & & \downarrow\times100 \\ 6 & \times & 200 & = & 1200 \end{array}$$

可知：一个因数不变，另一个因数乘几，积也要乘几。

2. 观察第二组算式。

20 × 4 = 80	20 × 4 = 80
↓÷2 ↓不变 ↓÷2	↓÷4 ↓不变 ↓÷4
10 × 4 = 40	5 × 4 = 20

可知：一个因数不变，另一个因数除以几（0 除外），积也要除以几。

由此可以得出积的变化规律：两数相乘，一个因数不变，另一个因数乘（或除以）几（0 除外），积也要乘（或除以）几。

二、乘法估算

问题导入

四年级同学去秋游，每套车票和门票 49 元，一共需要 104 套票。应准备多少钱买票？

知识精讲

“应准备多少钱买票”并不需要算出准确值，可采用估算来解决，可列式为 49×104≈______（元）。

方法一：

$$\left.\begin{array}{l}49\approx50\\104\approx100\\50\times100=5000\end{array}\right\}49\times104\approx5000(\text{元})$$

方法二：

$$\left.\begin{array}{l}49\approx50\\104\approx110\\50\times110=5500\end{array}\right\}49\times104\approx5500(\text{元})$$

比较两种方法：方法二更合理，在实际中为了避免带的钱不够，所以将数字应尽量估大些。

乘法估算没有固定方法，什么时候估大些，什么时候估小些，应视实际情况而定，不能机械地采用“四舍五入”法取近似数，但结果一定要接近准确值。

解题方法论坛

题型1 找规律填数

例1 找出规律再填空。

(1) 23×18=414

23×36=

23×54=

(2) 16×320=5120

16×160=

16×80=

方法探究 观察各组算式可知，第(1)组中第一个因数不变，第二个因数之间的关系分别是18×2=36，18×3=54，那么可根据积的变化规律直接写出结果。第(2)组中第一个因数不变，第二个因数之间的关系是320÷2=160，320÷4=80，即可根据积的变化规律写出结果。

解答 (1) 23×36=414×2=828

　　　　　18×2

　　23×54=414×3=1242

　　　　　18×3

(2) 16×160=5120÷2=2560

　　　　320÷2

　　16×80=5120÷4=1280

　　　　320÷4

例2 想一想，算一算。

24×72=1728

(24÷4)×(72×4)= ________

(24×6)×(72÷6)= ________

方法探究 一个因数乘几，另一个因数除以相同的数(0除外)，它们的积不变。如题中(24÷4)×(72×4)=24÷4×72×4=24×72×4÷4=24×72×1=1728。

解答 (24÷4)×(72×4)=1728　(24×6)×(72÷6)=1728

题型2 积的变化规律的实际应用

例1 一块长方形的菜地，面积为840 m^2。原来的宽是8米，如果在长不变的情况下，宽增加到24米，扩大后的菜地面积是多少？

方法探究 因为长×宽=面积，长不变，当宽由8米增加到24米时，则宽扩大到原来的3倍，利用积的变化规律，则积也扩大到原来的3倍。

> 提示　一个数乘几，也可以说将它扩大到原来的几倍。

解答 $24\div8=3\quad 840\times3=2520(m^2)$

答:扩大后的菜地面积为 2520 m^2。

例2 一辆货车从甲城到乙城需要行 8 小时,一辆轿车的速度是货车的 2 倍,那么轿车从甲城到乙城需要几小时?

方法探究 由速度×时间=路程可知,路程不变,即有

货车速度× 8 =路程
↓2倍 ↓? ↓不变
轿车速度×时间 =路程

观察发现,货车和轿车所行路程不变,也就是积不变。当积不变时,一个因数乘 2,则另一个因数必须除以 2。

解答 $8\div2=4$(小时)

答:轿车从甲城到乙城需要 4 小时。

题型3 根据实际问题确定估算方法

例1 某市体育场有 42 个看台,每个看台大约有 788 个座位。如果把所有的看台都坐满,大约会有多少人?

方法探究 把所有的看台都坐满,有(42×788)个人。大约会有多少人,不需要计算准确值,可以通过乘法估算得到一个近似值来解决。$42\approx40$, $788\approx800$, $40\times800=32000$,则 $42\times788\approx32000$。

> **提示** 估算时,可以用"四舍五入"的方法使结果更接近准确值。

解答 $42\times788\approx32000$(人)

答:如果把所有的看台都坐满,大约会有 32000 人。

例2 四年级同学到游乐场玩,海盗船一次可以乘坐 28 名游客,全天共能运行 16 次,500 名学生能不能全部玩到?

方法探究 可以先估算出海盗船一天中可以接纳多少名游客,再和 500 作比较,看能不能全部玩到,即 $28\approx30$, $30\times16=480$, $28\times16\approx480$(名)。

解答 $28\times16\approx480$(名)　$480<500$

答:500 名学生不能全部玩到。

例3 某图书馆有 29 个书架,每个书架有 4 层,其中书架第一层藏书 52 本,第二层藏书 49 本,第三层藏书 50 本,第四层藏书 54 本。该图书馆共藏书多少本?

方法探究 仔细观察,这个书架的 4 层,每层藏书的本数都在 50 本左右,因此可以把每层分别看成 50 本,即可知一个书架可藏书约 $50\times4=200$(本),29 个书架共藏书 $29\times200\approx30\times200=6000$(本)。

提示 估算一组数的和时,如果这组数都接近一个整十(或整百)的数时,就把这个整十(或整百)数作为标准数,然后用标准数乘这组数的个数,即可估算出这组数的和。

解答 $52+49+54+50\approx50\times4=200$(本)

$29\times200\approx6000$(本)

答:该图书馆大约藏书 6000 本。

精选习题练练看

考题天天练

一、填一填

1. 两个因数分别是 68 和 5,积是(　　),当因数 5 扩大到它的 10 倍时,积是(　　　　)。
2. 两个因数同时除以 10,积(　　　　)。
3. 一个因数乘 10,另一个因数除以 10,积(　　　　)。
4. (1)实验小学有学生 94 人,大约是(　　　　)人。
   (2)轮船上有乘客 3092 人,大约是(　　　　)人。
   (3)图书馆有故事书 9986 本,大约是(　　　　)本。
   (4)李叔叔每月工资是 1309 元,大约是(　　　　)元。

二、估算

39×102≈　　　　249×25≈　　　　195×29≈

304×41≈　　　　52×98≈　　　　63×102≈

三、找出规律再填空

12×4=48　　　　25×3=75

12×8=(　　)　　　　50×3=(　　)

12×20=(　　)　　　　75×3=(　　)

24×4=(　　)　　　　25×12=(　　)

四、在□里填上合适的数字

1. 5□89≈5000　　　　(　　　)

2. 7□34≈8000　　　　(　　　)

3. 5□4÷5≈120　　　　(　　　)

五、解决问题

1. 一支修路队修一条公路,3 天修了 435 米,15 天修完。这条公路长多少米?

2. 一棵桃树可产桃 35 千克。照这样计算,18 棵桃树约产桃多少千克?

3. 四(1)班和四(2)班参加植树活动，四(1)班植树 11 行，四(2)班植树 19 行，每行都是 48 棵，两个班大约各植树多少棵？

新题精练

一、在○里填上合适的数字

20×48＝960

(20÷○)×(48×2)＝960

(20×○)×(48×○)＝3840

二、小伟的座位是 38 看台的 22 排 32 座，这是体育场最后一个看台，也是最后一排最旁边的座位，如果每个看台的座位数相同，你能估算出这个体育场座位的总数吗？

三、想一想，下面算式中的图形分别代表什么数

○＋□＝36　　　　□＝○＋○

□＝(　　)　　　　○＝(　　)

第三单元测试

一、直接写出得数

800×4 =　　20×120 =　　200×20 =　　8×125 =

120×7 =　　23×6 =　　18×9 =　　34×10 =

二、填一填

1. 根据 5×60 = 300，直接写出下面各算式的积。

   15×60 =　　5×120 =　　20×60 =

2. 估算 58×213 ≈ (　　)，208×49 ≈ (　　)。

3. 两个因数的积是 800，一个因数扩大到它的 3 倍，另一个因数不变，积(　　)；如果其中一个因数乘 8，另一个因数除以 8，积(　　)。

4. 340×50 的积的末尾有(　　)个零。

5. 两位数乘三位数，积可能是(　　)位数，也可能是(　　)位数。

6. 某人造地球卫星绕地球一周要用 11 分钟，绕地球 99 周大约要用(　　)分钟。

7. 一辆小轿车在平原和山区各行了 4 小时，最后到达山顶。在平原的速度为 50 千米/时，在山区的速度为 30 千米/时，小轿车共行了(　　)千米。

8. 大卡车在普通公路上以 45 千米/时的速度行驶，6 小时可以行(　　)千米。小轿车在高速公路上行驶的速度是大卡车的 2 倍，小轿车在高速公路上用同样的时间可行(　　)千米。

三、列竖式计算，并用计算器验算

342×27　　36×527　　450×60

306×15　　　　620×14　　　　109×80

四、估算下面各题

89×202≈　　　　139×48≈　　　　307×53≈

815×41≈　　　　103×98≈　　　　108×49≈

五、判断正误，并把错误的改正过来

$$\begin{array}{rrrrr} & & 1 & 5 & 6 \\ \times & & & 3 & 9 \\ \hline & 1 & 4 & 9 & 4 \\ & 4 & 6 & 8 & \\ \hline & 6 & 1 & 7 & 4 \end{array}$$

改正：

(　　)

$$\begin{array}{rrrr} & 2 & 0 & 8 \\ \times & & 4 & 7 \\ \hline & 1 & 9 & 6 \\ 1 & 1 & 2 & 0 \\ \hline 1 & 3 & 1 & 6 \end{array}$$

改正：

(　　)

$$\begin{array}{rrrr} & 2 & 5 & 0 \\ \times & 1 & 7 & \\ \hline 1 & 7 & 5 & \\ 2 & 5 & & \\ \hline 4 & 2 & 5 & \end{array}$$

改正：

(　　)

六、解决问题

1. “六一”儿童节，文具店搞活动，硬皮本每本 15 元，实行买 4 送 1，小月一次买 5 本硬皮书，每本便宜几元？

2. 6 盒月饼 150 元,30 盒月饼多少元?

3. 汽车上山时的速度是 36 千米/时,行驶了 5 小时,下山时只用了 4 小时,汽车下山时的速度是多少?

4. 李师傅到商店买餐具,平底锅每个 108 元,高压锅每个 298 元,微波炉每个 312 元,每样买 3 个,他带 2500 元,够吗?

七、先找出规律再填数

1. 210+230+250+270+290=(　　)×(　　)=(　　)

2. 330+340+350+360+370=(　　)×(　　)=(　　)

你们说说平行四边形，为什么叫这个名字呢？
我们都知道！两组对边分别平行！
还有，还有……首先是个四边形！
那你们了解梯形吗？
这个好像就不明白了，应该是因为像梯子的缘故！
一组对边平行，另一组对边不平行的四边形！
这样叫也不错！

第四单元　平行四边形和梯形

单元目标 抢先看

1. 理解垂直与平行的概念，会用直尺、三角尺画垂线和平行线。
2. 掌握平行四边形和梯形的特征。
3. 通过多种活动，使学生逐步形成空间观念。

第一节　垂直与平行

理解垂直与平行的概念。

垂线及平行线的画法。会画平行线和垂线。

教材知识讲坛

垂直与平行

问题导入

在纸上任意画两条直线，会有哪几种情况？

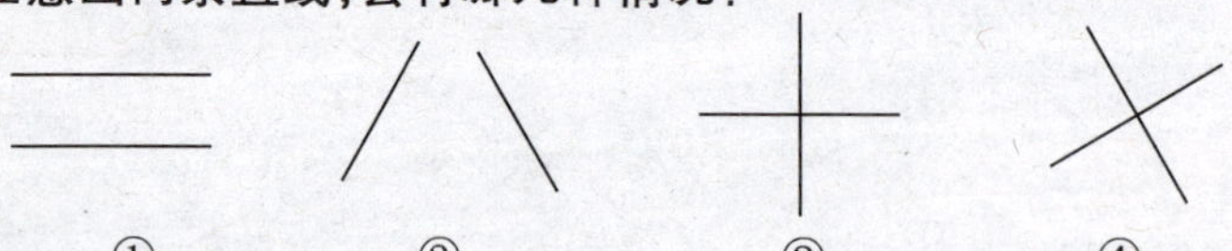

①　　②　　③　　④

七嘴八舌

把图①和图②中的直线延长能相交吗？

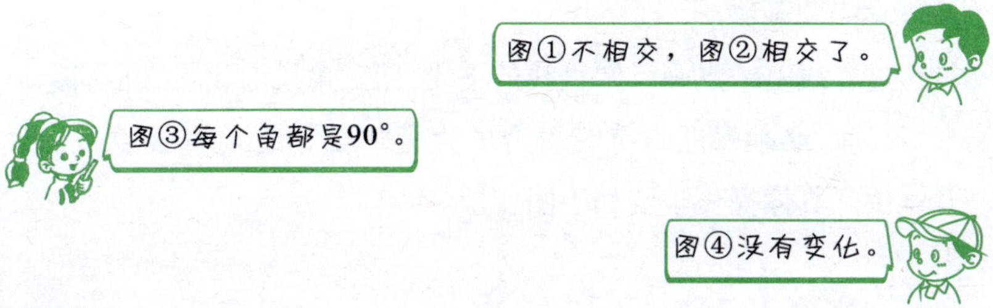

知识精讲

1. 认识平行和垂直。

像图①，延长两条直线仍没有相交，我们就说这两条直线平行。

平行的定义：在同一平面内不相交的两条直线叫做平行线。

像图③，两条直线组成的夹角为 90°，即直角时，我们就说这两条直线垂直。

垂直的定义：如果两条直线相交成直角，我们就说这两条直线互相垂直。其中一条直线叫做另一条直线的垂线，这两条直线的交点叫做垂足。如图  。

2. 平行线和垂线的画法。

(1) 平行线的画法。

画平行线时，借助直尺和三角尺来完成，能保证作图的准确性。具体操作步骤如下图所示。

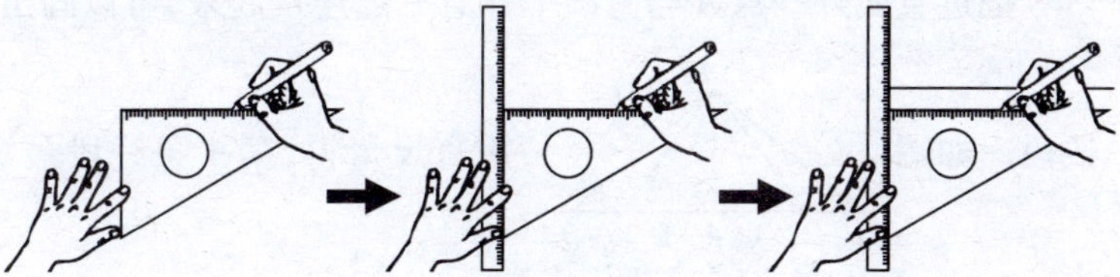

① ② ③

第①步固定三角尺，沿一条直角边先画一条直线；第②步用直尺紧靠三角尺的另一条直角边，固定直尺，然后移动三角尺；第③步再沿着第一步中的直角边画出另一条直线。

(2)垂线的画法。

过直线上一点画已知直线的垂线,用三角尺画比较方便,移动三角尺时,必须保证与直线重合的直角边要始终与直线重合,不能错位。具体操作步骤如下图所示。

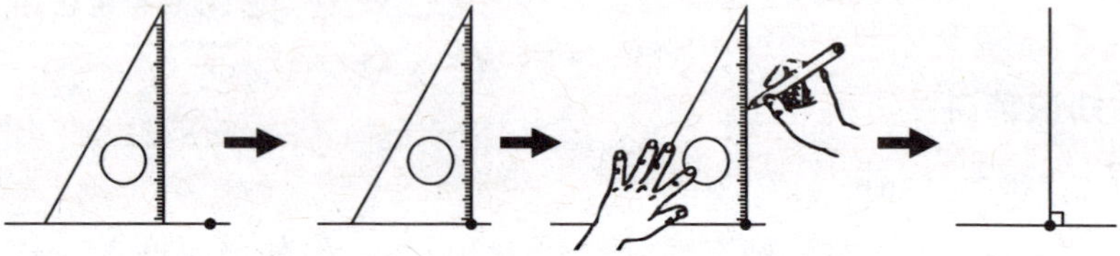

①　　②　　③　　④

第①步把三角尺的一条直角边与已知直线重合;第②步沿着直线移动三角尺,使三角尺的直角顶点和直线上的已知点重合;第③步从直角的顶点起沿另一条直角边画一条射线;第④步取掉三角尺,在垂足处标出垂直符号。

垂线的另一种画法:用量角器画。

①将量角器的中心点与已知点重合,0 刻度线与已知直线重合。

②在量角器的 90°处点一个点,再把这个点和已知直线上的点连接起来。

③在垂足处标出垂直符号。

3. 点到直线的距离。

把过直线外一点 A 与直线上任意一点连接起来,可以画出很多条线段。如图

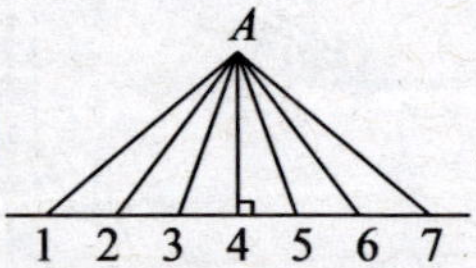

,用直尺量得,第 4 条线段最短,用量角器量线段与直线所组成的角的度数,可知第 4 条线段与已知直线相交组成了直角,即第 4 条线段与已知直线垂直。第 4 条线段的长度就是点 A 到已知直线的距离。从直线外一点到这条直线所画的垂直线段最短,它的长度叫做这点到直线的距离。

4. **平行线间的距离。**

在两条平行线间画几条与平行线垂直的线段，如下图：

用直尺量得这些线段的长度都相等，即我们可以说这两条平行线间垂直线段的长度相等，也就是说平行线间的距离处处相等。

5. **垂线和平行线的表示方法。**

(1) 平行线的表示方法：平行可以用符号“$//$”表示，如下图：

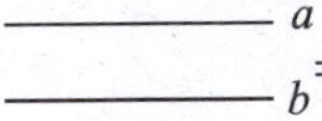

$\Rightarrow$ a 与 b 平行，记作 $a\,//\,b$，读作 a 平行于 b。

(2) 垂线的表示方法，垂直可以用符号“$\perp$”表示。如下图：

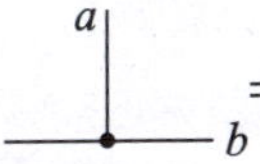

$\Rightarrow$ a 与 b 垂直。记作 $a\perp b$，读作 a 垂直于 b。

解题方法论坛

题型1 找平行线

例 指出下图中有几组平条线。

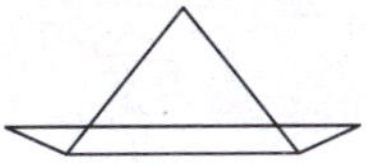

方法探究 数平行线时，既要看两条直线的方向是否一致，又要看延长后两条直线会不会相交。

解答 一共有1组平行线。

题型2 相交与垂直的联系

例 判断对错。

两条直线相交，它们就互相垂直。 (　　)

方法探究 这种说法是错误的，两条直线垂直必须具备两个条件：①相交；②成直角。两条直线垂直一定相交，两条直线相交不一定垂直。

提示 只有两条直线相交成直角时，才能说这两条直线互相垂直。

解答 ×

题型3 画已知直线的平行线

例 画出已知直线 l 的平行线。

方法探究 在同一平面内，只要两条直线永不相交，就称这两条直线互相平行，所以在同一平面内，任意画一条直线，可以画出无数条与已知直线平行的直线，如

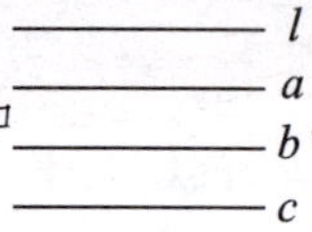

，直线 a、b、c 与直线 l 都平行。

解答

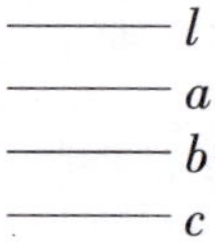

与直线 l 平行的直线可以画无数条。

总结

在同一平面内，一条直线的平行线有无数条。

题型4 应用垂线和平行线画简单的图形

例 用画垂线的方法画出两条平行线间最大的正方形。

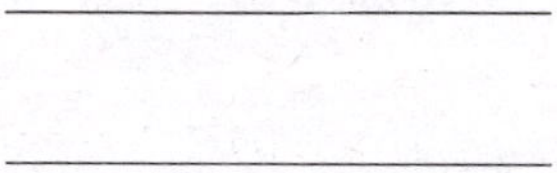

方法探究 正方形边的特点是：对边平行，邻边垂直，且四条边都相等。要满足在两条平行线间画最大的正方形这一条件，就要把平行线间的垂直线段作为正方形的边长，且正方形的一组对边一定在平行线上截取。这是画最大正方形的关键。

提示 确定边长是在平行线间画最大正方形的关键，而边长恰好是平行线间垂直线段的长。

解答 步骤：(1)用三角尺在两条平行线间画一条垂直线段。

(2)用直尺量出垂直线段的长，再以垂线与直线的交点为端点，向同一方向截取与垂直线段同样长的2条线段。

(3)最后把截取的线段的两个端点连接起来。(如下图)

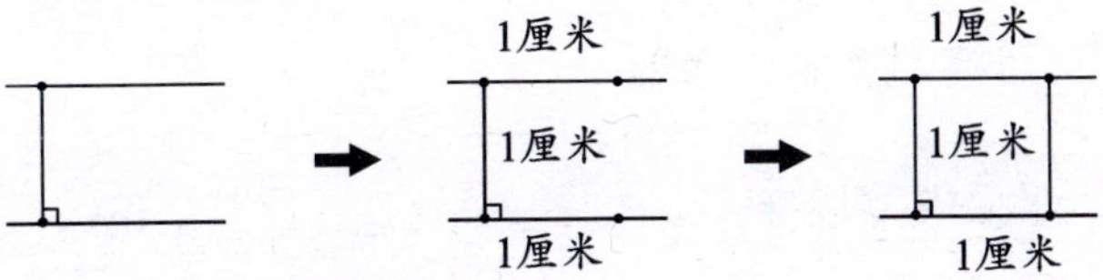

题型5 点到直线的距离的应用

例 幸福村的村民想在村口的A点修建一个蓄水池,并把B河中的水引入蓄水池,那么引水渠应该怎么修才能使开支最少?

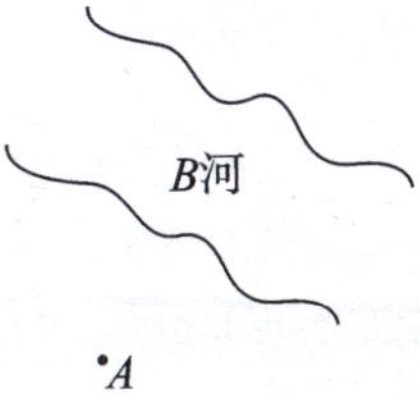

方法探究 引水渠实际是过A点向B河的河岸所引的线段,过A点向B河的河岸所引的这些线段中垂直线段最短,这样修水渠,才能使开支最少,即AC就是所修的引水渠。

如图:

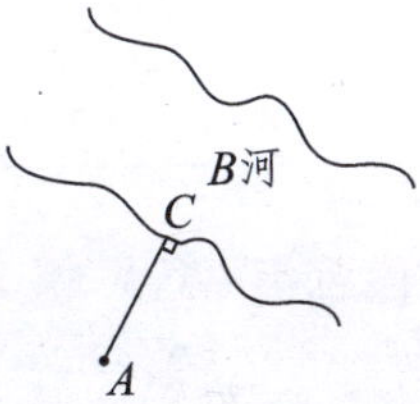

解答 过A点,向B河的河岸作一条垂直线段,如图:

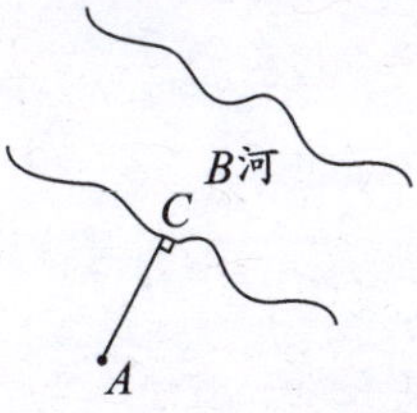

,

其中AC就是所要修的引水渠。

考题天天练

一、填一填

1. 在同一平面内,两条直线的位置关系有(　　　　)和(　　　　)两种情况。
2. 当两条直线相交成直角时,这两条直线(　　　　　),这两条直线的交点叫做(　　　)。
3. 过直线外一点可以画(　　　)条直线与已知直线垂直的直线。
4. 在同一平面内,垂直于同一条直线的两条直线(　　　)。
5. 两条平行线之间可以画(　　　)条垂线。

二、对号入座

1. 两条直线互相垂直的是(　　　)。

A. 
B. 
C. 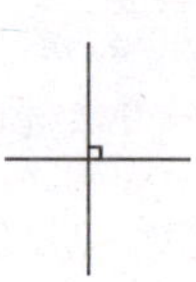

2. 右图中,线段(　　)最短。

A. AB　　B. AC

C. AD　　D. AE

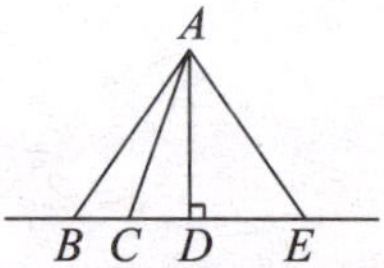

三、下面各图形中,哪两条线段互相平行?哪两条线段互相垂直

1. 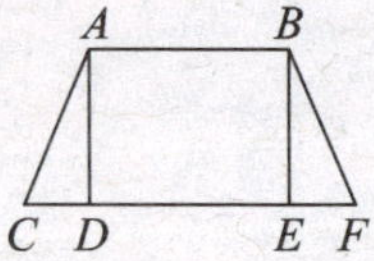

2. 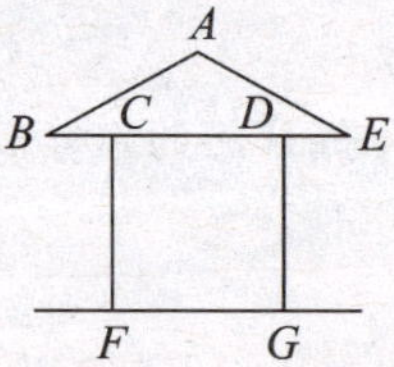

四、画一画

1. 过点 A 画已知直线的垂线。

2. 过点 A 画已知直线的平行线。

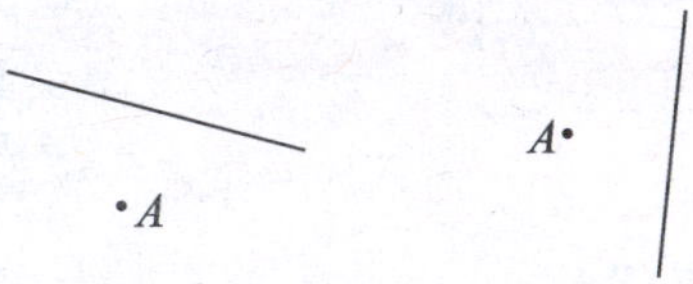

新题精练

一、数一数

1. 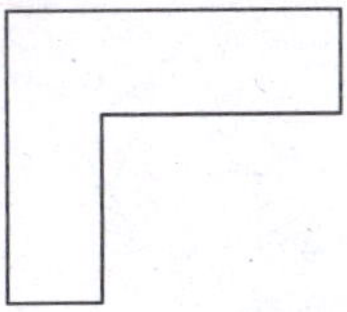

有(　　)组垂线

2. 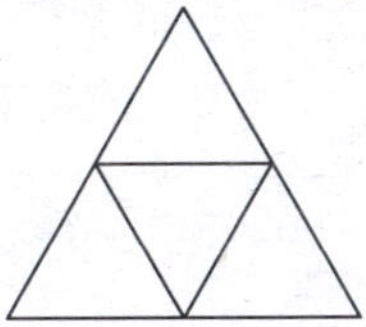

有(　　)组平行线

二、画一个长 5 厘米,宽 3 厘米的长方形。

三、超超家刚建了新房子,现在想把自来水从主水管引到自己家,怎样做最节省,请画图表示。

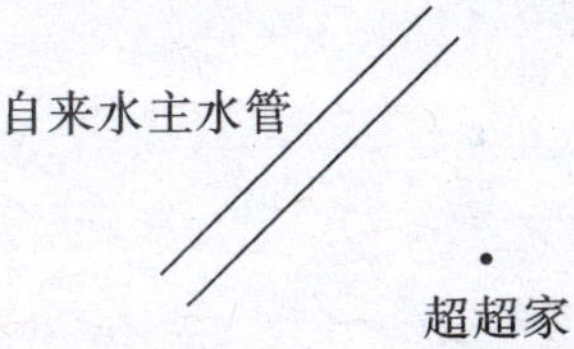

第二节　平行四边形和梯形

我是重点：掌握平行四边形和梯形的特征。如：梯形只有一组对边平行。

我是难点：平行四边形和梯形画高的方法。梯形的高如图

。

教材知识讲坛

一、平行四边形和梯形的特征

问题导入

下面是形状和大小不同的四边形，标出你知道的图形的名称。

①　②　③　④　⑤　⑥

七嘴八舌

图①是一个长方形。

图②是一个正方形。

图③是一个平行四边形。

图④是个梯形。

知识精讲

1. 特殊四边形。

观察图①、图②、图③和图④，用直尺和三角尺验证发现：图③同

图①和图②一样，都是两组对边分别平行，图④只有一组对边平行。像这样的四边形都是特殊的四边形，即长方形、正方形、平行四边形和梯形都是特殊的四边形。图⑤和图⑥为不规则的四边形。

2. 平行四边形和梯形的认识。

(1)平行四边形：两组对边分别平行的四边形叫做平行四边形。

如 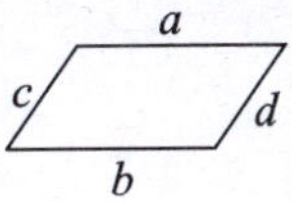

，$a // b$ $c // d$，因为长方形和正方形的两组对边也分别平行，所以它们具备了平行四边形的所有特点，即可以说长方形和正方形是特殊的平行四边形。

(2)梯形：只有一组对边平行的四边形叫做梯形。如

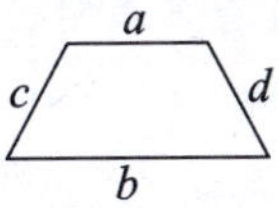

，$a // b$，c 不平行于 b。

(3)梯形和平行四边形的异同点。

	平行四边形	梯形
相同点	四边形	四边形
不同点	两组对边分别平行且相等	只有一组对边平行且平行的这组对边不相等

3. 四边形的分类。

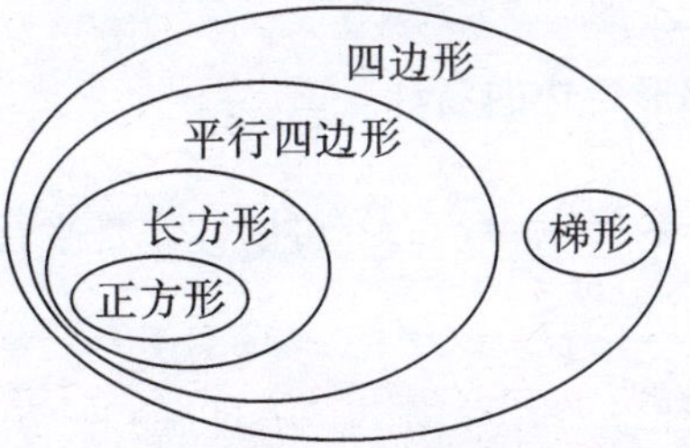

二、平行四边形的特性

情境导入

我们通过平行四边形的特征，认识了平行四边形平，平行四边形又有怎样的特性呢？

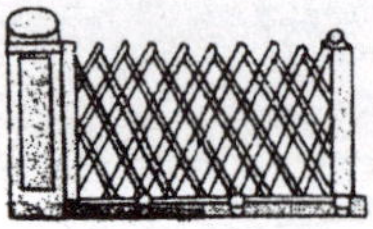

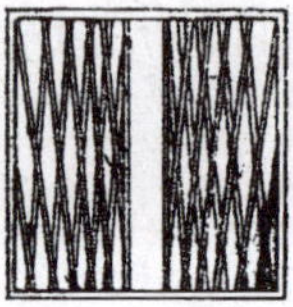

七嘴八舌

知识精讲

在上述三幅图中，图 1 是我们经常使用的挂衣架，图 2 是电动门，图 3 是推拉门，它们的使用正是利用了平行四边形易变形的特性，使得生活更加的丰富多彩。

三、平行四边形和梯形的各部分名称及高的画法

问题导入

平行四边形和梯形各条边的名称又是什么呢？又该怎样画它们的高呢？

知识精讲

1. 平行四边形和梯形各边的名称。

（1）平行四边形。

平行四边形的任意一条边都可以称作是平行四边形的底。

如 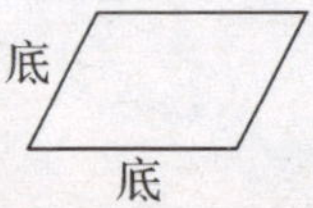

。

(2)梯形。

梯形中互相平行的一组对边，一般情况下，较短的边叫做梯形的上底，较长的边叫做梯形的下底，不平行的那组边，分别叫做梯形的腰。

如 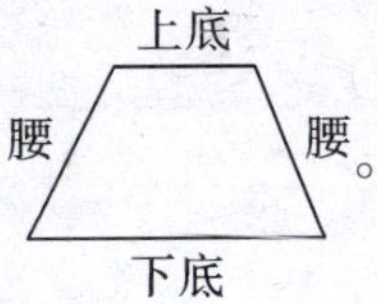

。

(3)特殊的梯形。

两腰相等的梯形叫做等腰梯形；当一条腰与上底和下底垂直时，这个梯形叫做直角梯形。如 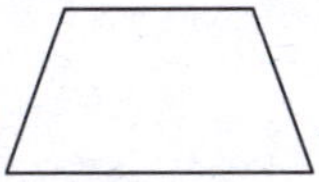
等腰梯形
、
直角梯形
。直角梯形和等腰梯形都是特殊的梯形。

2. 高的画法。

平行四边形和梯形的高的画法，相当于过直线外一点画已知直线的垂线，这点和垂足之间的线段就是图形的高。从一条边上的任意一点都可以向它的对边画高，因此平行四边形和梯形的高可以画无数条。但通常是从一个顶点向它的对边画高。如：

平行四边形的高：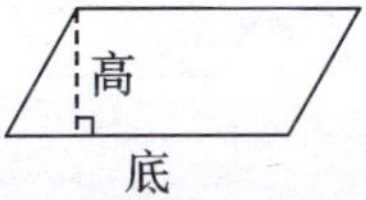

梯形的高：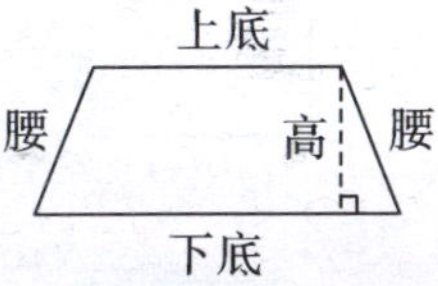

从平行四边形一条边上的一点给对边引一条垂线，这点和垂足之间的线段叫做平行四边形的高，垂足所在的边是平行四边形的底。梯形的高是上底与下底之间的垂直线段。平行四边形能画出两种高，梯形只有一种高，如 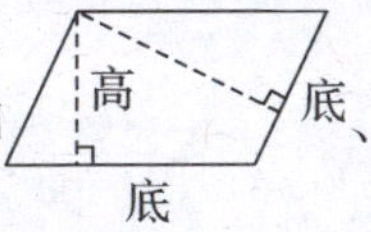

、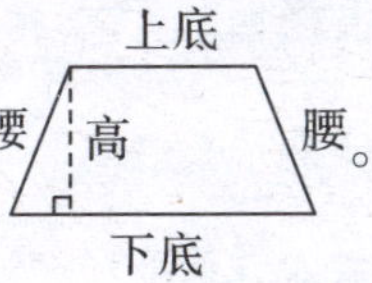

。

特别提示！

1. 画高时要注意三点：(1) 所画的高要用虚线。(2) 一定要画垂直符号。(3) 一般要把高画在图形内，而不把高画在底边的延长线上。
2. 平行四边形在哪条边上画高，哪条边就称作底；梯形的高只能从相互平行的两条底中任一底上的点向它的对底画垂线，而不能在梯形的腰上画高。

我的空间 我来补充笔记

解题方法论坛

题型1 四边形的分类

例 下面图形中，正方形有(　　　　)，长方形有(　　　　)，平行四边形有(　　　　)，梯形有(　　　　)。(填序号)

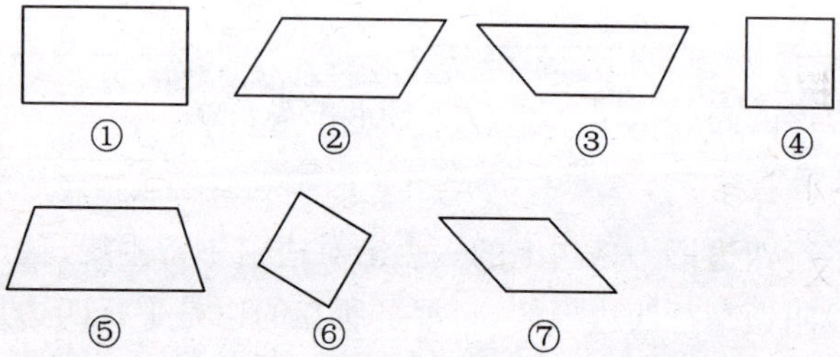

方法探究 根据四边形中特殊四边形的特征，通过测量很容易对上述图形进行分类。

解答 正方形有：④⑥　长方形有：①④⑥　平行四边形有：①②④⑥⑦　梯形有：③⑤

题型2 平行四边形特性的应用

例 把一个平行四边形框架拉成一个长方形，如下图，这个长方形的周长与平行四边形的周长有怎样的变化？

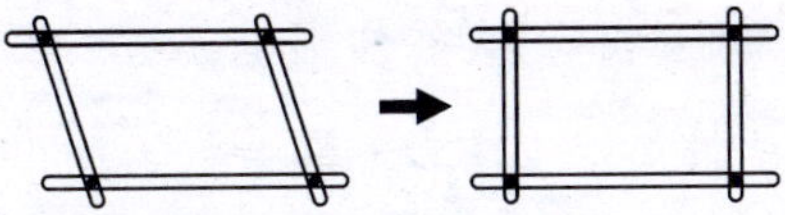

方法探究 把平行四边形对角拉动后，平行四边形变成了长方形，在变成长方形后，四条边的长度并没有发生变化，只是形状发生了变化，所以长方形的周长与平行四边形的周长相等。

解答 这个长方形的周长与平行四边形的周长相等。

题型3 数简单图形中的平行四边形和梯形的个数

例1 数一数，下面图形中有多少个平行四边形和梯形。

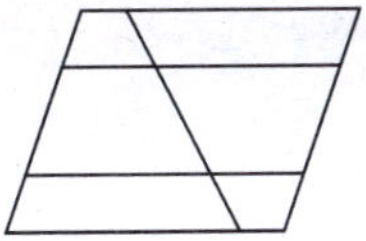

方法探究 平行四边形要在两组平行线之间找。一个一个地数有3个，由两个小平行四边形组成较大的平行四边形有2个，由三个小平行四边形可以又组成一个最大的平行四边形，加起来共有6个平行四边形。梯形要分左右两组来数，数的方法同数平行四边形的方法相同，左边6个，右边6个，共有12个。

解答 平行四边形有6个，梯形有12个。

例2 在下面梯形中，画两条线段，将这个梯形分成一个平行四边形和两个直角三角形。

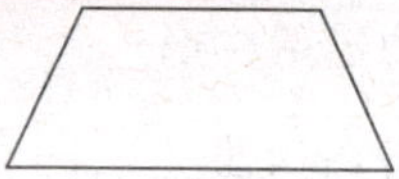

方法探究 梯形的特征是只有一条对边平行，而平行四边形的特征是两组对边分别平行且相等，要在梯形里面画一个平行四边形和两个直角三角形，就必须将梯形的上底和下底截取一段作为平行四边形的一组对边，即从梯形的上底的一个顶点向下底画一条线使它与梯形的一腰平行。如图 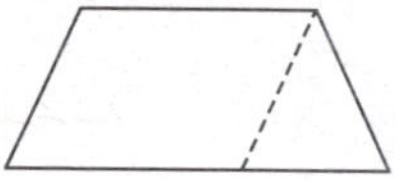，最后在剩下的三角形中作高，就得到两个直角三角形。

解答 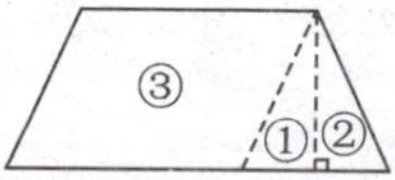

图中①、②部分是直角三角形，③为平行四边形。（画法不唯一）

精选习题练练看

考题天天练 一、填一填

1. 由（　　　）条线段围成的图形叫做四边形。

2. 长方形和正方形是特殊的（　　　　）。

3. 两腰相等的梯形叫做（　　　　）。

4. 平行四边形具有（　　　　　　　　　　　　）。

5. 从平行四边形的一个顶点出发作一条高，可以把平行四边形分成一个（　　　）和一个（　　　）。

二、小法官巧断案

1. 一个四边形一定是平行四边形。（　　）

2. 有一组对边平行的四边形是梯形。 (　　)

3. 平行四边形的对边平行且相等。 (　　)

4. 长方形和正方形也具有不稳定性。 (　　)

5. 一个梯形一定能分割出一个平行四边形。 (　　)

三、对号入座

1. 当平行四边形的一个角是直角时,这个图形可能是(　　)。

A. 长方形　　B. 正方形　　C. 长方形或正方形

2. 一个梯形里最多有(　　)个角是直角。

A. 1　　B. 2　　C. 3

3. 一个梯形中最多有(　　)个直角。

A. 1　　B. 2　　C. 没有

4. 平行四边形有(　　)条高。

A. 2　　B. 4　　C. 无数

四、画出下图中给定底上的高

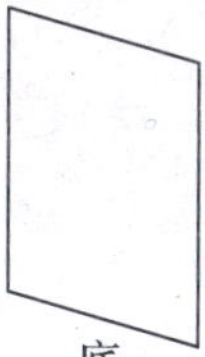

底

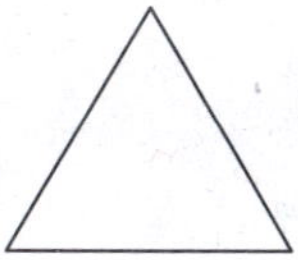

底

五、分一分,画一画

1. 在下面的平行四边形里画两条线段,把它分割成一个平行四边形和两个三角形。

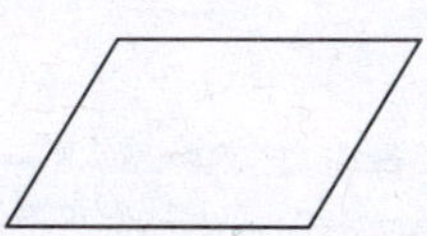

2. 在下图中画两条线段,把它分割成一个平行四边形、一个梯形和一个三角形。

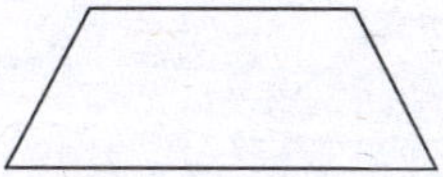

新题精练台

一、找一找，下面图形中哪些是对称图形

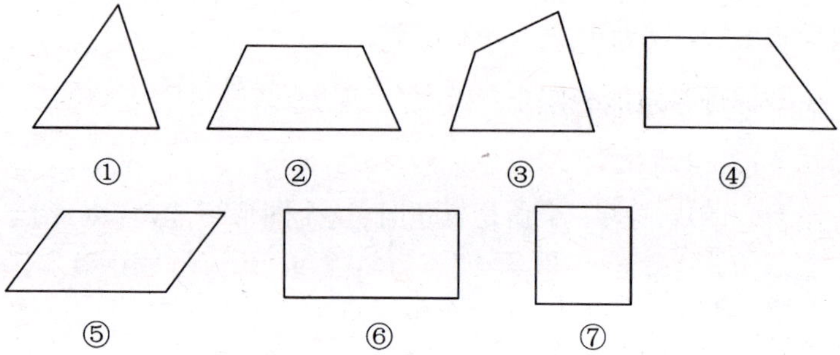

对称图形有：________________________________

二、数一数，图①中有几个平行四边形，图②中有几个梯形

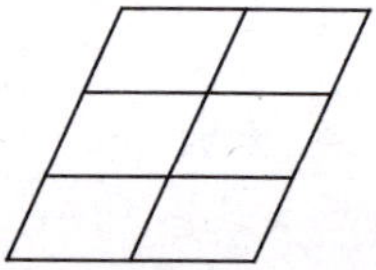
图①

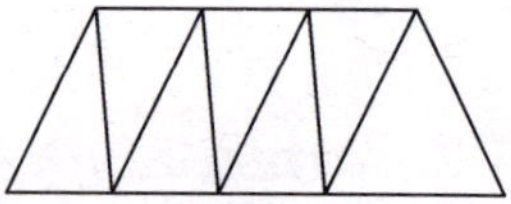
图②

(　　)个平行四边形　　　　(　　)个梯形

三、以 AB 为底，CD 为高，画一个平行四边形。

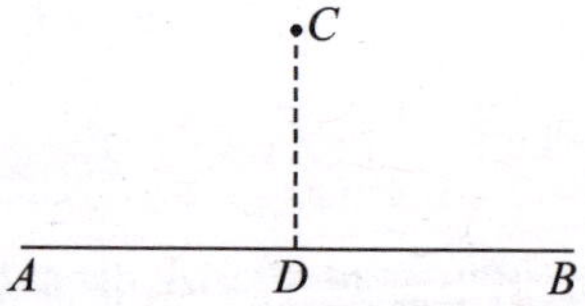

四、把下面的图形剪成两块，分别拼成长方形

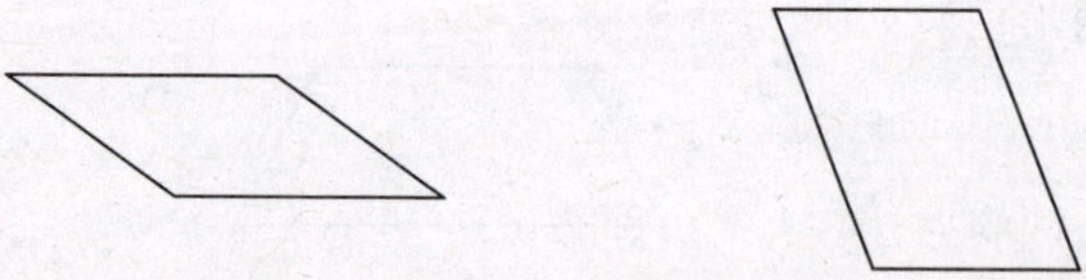

第四单元测试

一、填一填

1. 如果平行四边形的四个角都是直角,那么这个四边形就是(　　　　)或(　　　　)。

2. 在同一平面内,过直线外一点可以画(　　)条直线与已知直线平行。

3. 如果两条直线都与一条直线平行,则这两条直线(　　　　)。

4. 右图中,平行四边形 AB 边上的高是(　　)厘米。

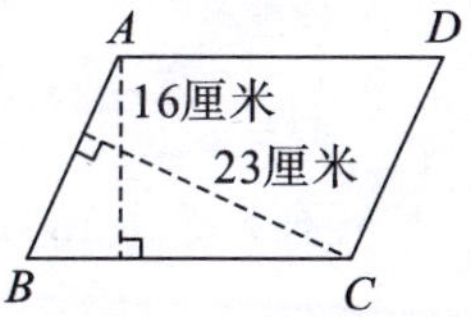

5. 两个完全一样的梯形可以拼成一个(　　　　)。

二、对号入座

1. 下图中,最短的一条线段是(　　)。

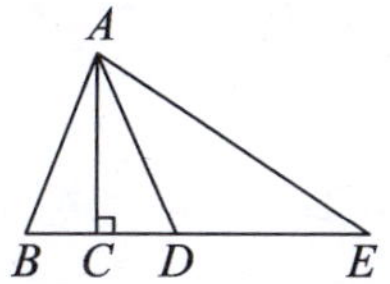

A. AC　　B. AB　　C. AD　　D. AE

2. 正方形相邻的两边(　　)。

A. 互相垂直　　B. 分别平行　　C. 互相垂直且相等

3. 各种图形的高都是(　　)。

A. 线段　　B. 射线　　C. 直线

4. 平行四边形有(　　)对边分别平行。

A. 1 组　　B. 2 组　　C. 3 组

5. 黑板的两组对边(　　),邻边(　　)。

A. 互相垂直　　B. 互相平行　　C. 相交

三、画一画

1. 过点 A 画 l 的平行线和垂线。

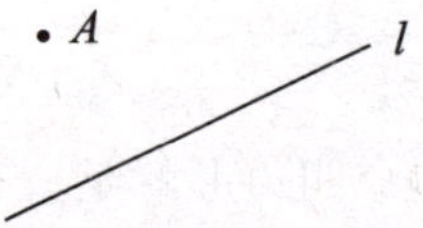

2. 画一个周长是 16 cm 的正方形。

3. 画一个上底为 4 厘米、下底为 6 厘米、高为 3 厘米的梯形。

4. 分别画出下面四个图形的高，并指出对应的底。

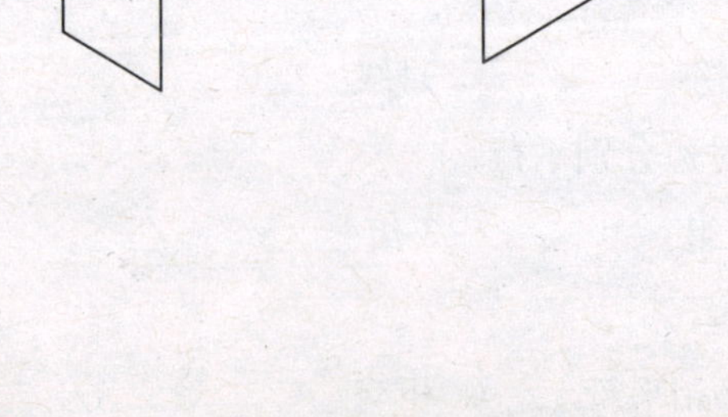

四、在字母中找一找

E H N F T Z

1. 只有线段互相垂直的字母是(　　　　　　)。

2. 既有线段互相平行,又有线段互相垂直的字母是(　　　　　　)。

五、剪一剪

1. 在一个三角形上剪一刀,使剪下的图形中一个是三角形、一个是梯形。

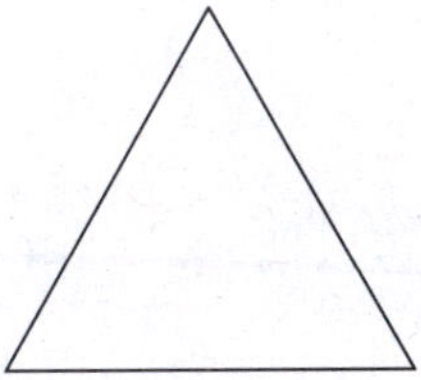

2. 在梯形上剪一刀,使剪下的图形中一个是梯形、一个是平行四边形。

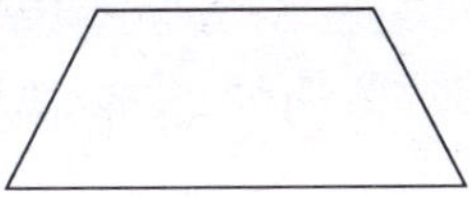

六、试试你的眼力

1. 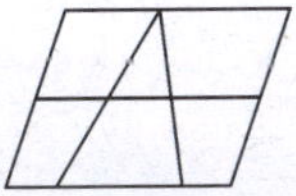 有(　　)个平行四边形;有(　　)个梯形。

2. 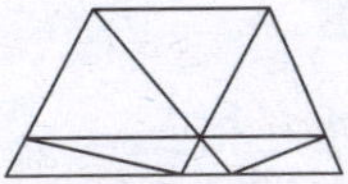 有(　　)个三角形;有(　　)个平行四边形。

七、从 A 点到河边,怎样走最近?在图上画一画

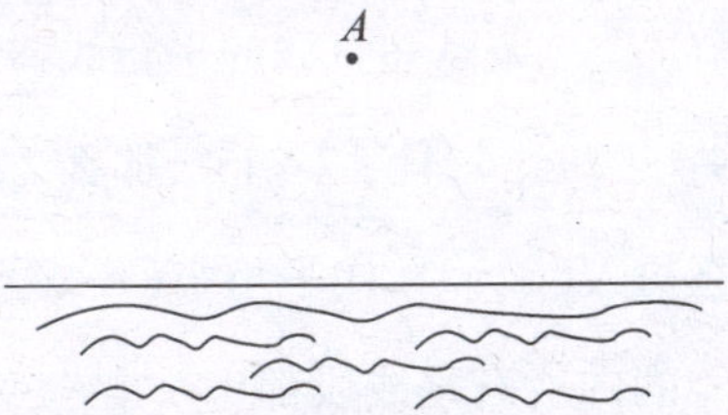

期中测试

（时间：90 分钟　满分：100 分）

一、填一填（22 分）

1. 35000000 读作（　　　　　　）；

五千六百亿写作（　　　　　　）。

2. 将 960804000 改写成用“亿”作单位的近似数是（　　　　　　）。

3. 130 □ 672≈130 万，□里最大填（　　）；240 □ 892≈241 万，

□里最大填（　　）。

4. 在估算 790×52 时，可以把 790 看作（　　），52 看作（　　）来计算，

积约是（　　　　）。

5. 一辆汽车每小时行 120 千米，可以写成（　　　　　　　）。

6. 小军走一步的平均长度是 65 厘米，他从家走到学校共走了 120 步。

小军家和学校相距（　　　　　　）米。

7. 经过一点可以画（　　）条直线，经过两点可以画（　　）条直线。

8. 1 时整，时针和分针的夹角是（　　　　　　　　）度，5 时整

时针和分针成（　　　　　　　　）度。

9. 数学课本相邻的两边互相（　　　），相对的两边互相（　　　）。

10. 过已知直线上的一点可以画（　　）条该直线的垂线。在同一平

面内，可以画（　　）条已知直线的平行线。

11. 如果 $\angle 3+\angle 4=\angle 2+\angle 4$，且 $\angle 2=45°$，那么 $\angle 3=$（　　）。

12. 120°的角比直角大（　　），比平角小（　　）。

13. 在两条平行线间的所有垂线段都（　　　　　）。

二、选一选(将正确答案的序号填在括号里)(12 分)

1. 一个数的最高位是亿位,这个数是(　　)位数。

A. 2　　B. 9　　C. 10　　D. 11

2. 想使物体从斜面上向下滚动时尽可能地快,下面选项是木板与地面的夹角,(　　)度时最符合要求。

A. 10　　B. 15　　C. 20　　D. 0

3. 3 时整,分针和时针组成(　　)。

A. 锐角　　B. 直角　　C. 钝角

4. 下列各数中,只读一个 0 的是(　　)。

A. 10101010　　B. 11001100　　C. 10110100　　D. 1110010

5. 李洪骑自行车的速度是 250 米/分,他 1 小时可行(　　)。

A. 500 米　　B. 1500 米　　C. 15 千米　　D. 15000 千米

6. 2 个周角的度数等于(　　)个直角的度数。

A. 4　　B. 8　　C. 2　　D. 10

三、算一算(24 分)

1. 口算。(6 分)

140×5 =　　250×8 =　　160×5 =

25×400 =　　400×14 =　　120×50 =

2. 估算。(6 分)

577×99 ≈　　29×709 ≈　　258×61 ≈

125×43 ≈　　134×17 ≈　　246×37 ≈

3. 竖式计算。(带☆的题要验算)(12 分)

740×45　　☆702×13　　213×19

四、画一画，量一量，算一算(20 分)

1. 用合适的方法分别画出一个 80°和 180°的角。(5 分)

2. 画出下边平行四边形 *AB* 边上的高，量出这条高的长是(　　)厘米，再量出∠1 与∠2 的度数和是(　　)。(4 分)

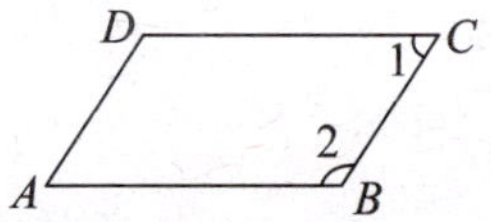

3.

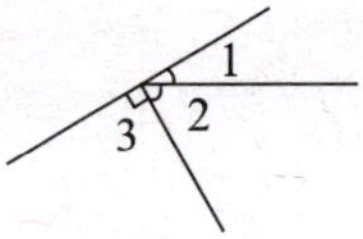

∠1 = 30°，∠2 = (　　)，∠3 = (　　)，∠2+∠3 = (　　)。(6 分)

4. 画出下列各图形的一条高。(3 分)

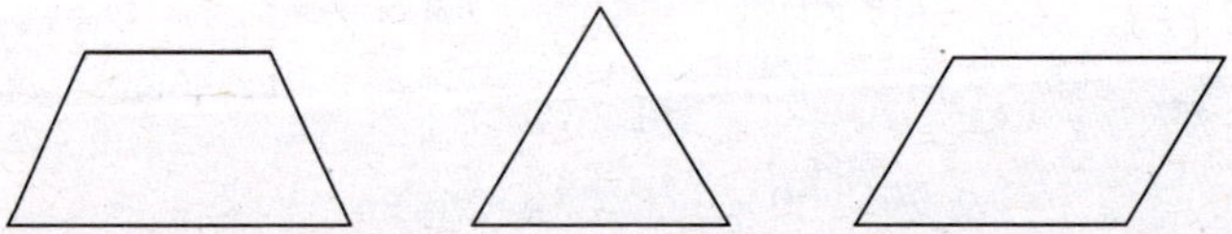

5. 画一个底是 5 cm，高是 2 cm 的平行四边形。(2 分)

五、解决问题(22 分)

1. 某飞船绕地球 1 周约用 90 分钟,绕地球 105 周要用多少分钟?(6 分)

2. 一块长方形绿地的宽增加到 28 米,长不变。扩大后的绿地面积是多少平方米?(7 分)

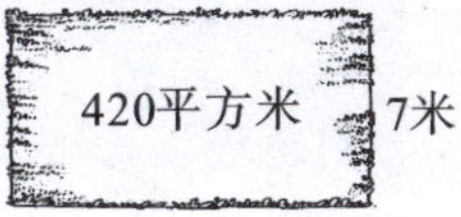

3. 红久小学四年级学生外出参加一个社会实践活动。估算一下,带 4500 元钱够吗?(9 分)

门票:25元/人
来回车票:16元/人
四年级:122人

附加题(10 分)

王爷爷打算将西红柿、黄瓜和茄子三种蔬菜分别种在平行四边形、三角形和梯形的区域内。你能帮他设计出三种地的分配方案吗?

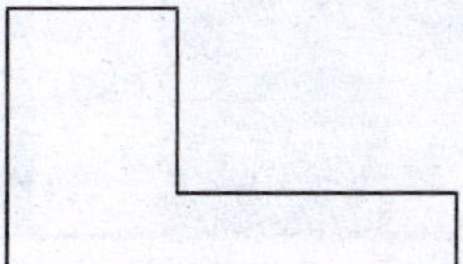

今天老师给我们很多可以定的杂志，你们都选好了吗？
那当然，我觉的卡通天地很好，里边的漫画太棒了！
是吗？还是科技大观更好，无边无际的宇宙……
卡通天地，一年定价130元，每月都有一本。
我这本虽然每年只有10本。但是每年只要119元！便宜点哦！
是吗？卡通天地，应该是10块零八毛一本吧！
科技大观，可是11块9毛呢！
耶！不论怎么！卡通天地好看！

第五单元　除数是两位数的除法

单元目标抢先看

1. 会口算整十数除整十数、整十数除几百几十数（商是一位数），掌握两、三位数除以两位数的计算方法，发现并理解商的变化规律。

2. 能结合具体情况进行除法估算，并说明估算的思路，能用所学知识解决实际问题。

第一节　口算除法

我是重点：熟练掌握整十数除整十数，整十数除几百几十数的口算方法。

我是难点：能运用所学的方法解决简单的实际问题。

教材知识讲坛

一、整十数除整十数的口算方法

情境导入

有 80 个气球。

可以分给几个班？

七嘴八舌

可以分给几个班，也就是求几个20相加是80。

可以这样想：20×4=80，所以80÷20=4。

知识精讲

求 80 个气球可以分给几个班,也就是求 80 里面有几个 20,用除法计算,可列式为 80÷20。计算时可以想:4 个 20 是 80,即 4×20=80,所以 80÷20=4;也可以这样想:8÷4=2,即 8 里面有 2 个 4,那么 80 里面有 20 个 4,则 80÷20=4。由此可知在计算整十数除整十数的口算时,可根据乘除法的关系用乘法算除法,也可用表内除法计算。

二、除数是两位数的除法估算

问题导入

83÷20≈　　　　　　　　80÷19≈

知识精讲

83÷20 中 83 不是整十数,因此可通过“四舍五入”法看成与它接近的整十数,然后再利用整十数除整十数的口算方法计算,如 83≈80,即 83÷20≈80÷20=4,同理80÷19≈80÷20=4,则可知除法估算一般是把算式中

（19 四舍五入得 20）

不是整十的数用“四舍五入”法估算成整十数再进行口算。

三、整十数除几百几十数的口算方法

情境导入

有 120 面彩旗。

可以分给几个班?

知识精讲

求 120 面彩旗可以分给几个班，也就是求 120 里面有几个 30，用除法计算，可列式为 120÷30。这是一个整十数除几百几十数的口算，同整十数除整十数的口算方法相同，可采用想乘法算除法或用表内除法计算的方法进行口算。如 3×4＝12，可知 30×4＝120，所以 120÷30＝4（个）。

解题方法论坛

题型1 两位数除三位数的估算

例 122÷30≈　　120÷28≈　　158÷41≈

方法探究 两位数除三位数的估算与两位数除两位数的估算方法相同，把被除数看作几百几十数或把除数看作整十数。如 122÷30≈120÷30＝4，（122 四舍五入得 120）

120÷28≈120÷30＝4（28 四舍五入得 30）若被除数和除数都不是几百几十数或整十数，可同时将两者看作几百几十数或整十数，然后进行口算，如158÷41≈160÷40＝4。（158 四舍五入得 160，41 四舍五入得 40）

> **提示** 在估算时，方法是灵活的，怎样简便就怎样去算。如 125÷30≈，如果用“四舍五入”法把 125 看作 130，130÷30 不能得出整数商，估算不方便，如果把 125 看作 120，125÷30≈4，估算就方便了。

解答 122÷30≈4　　120÷28≈4　　158÷41≈4

题型2 除数是整十数的口算

例 判断 810÷90＝90 是否正确。

方法探究 利用表内除法进行口算时，810 要看做是 81 个十，90 同样要看做 9 个十，810÷90 也就转化为 81÷9＝9。

解答 810÷90＝90 不正确。

考题天天练

一、想一想，填一填

1. 口算 240÷80 时，可以想：80×(　　)＝240，所以 240÷80＝(　　)；也可以想：24÷8＝(　　)，所以 240÷80＝(　　)。

2. 估算 160÷41 时，把 41 看作(　　)来口算，因为 160÷(　　)＝(　　)，所以 160÷41≈(　　)。

3. 估算 321÷80 时，把 321 看作(　　)来口算，因为(　　)÷8＝(　　)，所以 321÷80≈(　　)。

二、想一想，算一算

30×8＝	50×8＝	40×7＝
240÷30＝	400÷50＝	280÷40＝
243÷30≈	400÷48≈	280÷39≈

三、在○里填上“>”“<”或“＝”

480÷60 ○ 720÷90　　　120÷40 ○ 320÷80

200÷50 ○ 240÷60　　　90÷10 ○ 80÷10

600÷20 ○ 450÷50　　　450÷90 ○ 360÷90

750÷50 ○ 300÷20　　　100÷2 ○ 100÷20

四、解决问题

1. 合唱团有 240 位同学要去演出，需要几辆车？

2. 一年级有 480 名同学，可以编成几个班？

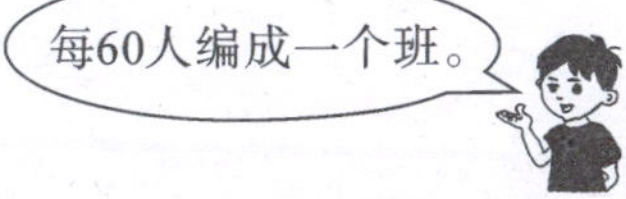

3. 甲地到乙地的距离大约是 210 千米。

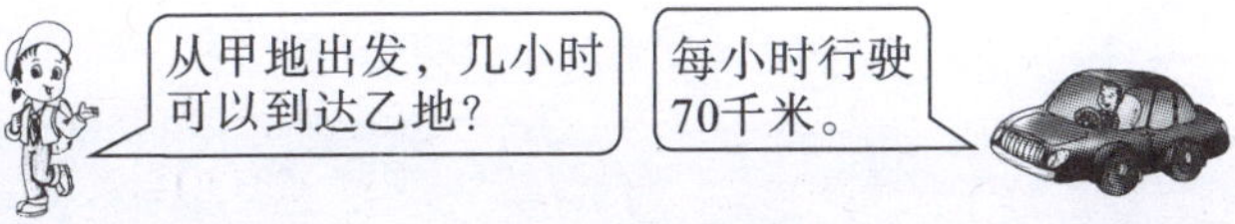

新题精练台

一、在□里填上合适的数字

3□2÷40≈9　　4□7÷80≈5

6□3÷90≈7　　320÷4□≈8

二、植树节老师带领同学们去植树,老师告诉同学们:"我们要在长280米的马路一旁每隔4米种一棵树,记住两头都要栽。"你知道到底要栽多少棵树吗?

三、从720里面减去一个整十数,得到的差再除以这个整十数,商是8。这个整十数是多少?

第二节　笔算除法

我是重点：正确掌握笔算的书写格式并能正确笔算。

我是难点：商的位置的确定及商位数的判定和试商。

教材知识讲坛

一、整十数除两位数、三位数的笔算方法

情境导入

(1)92 本连环画，每班 30 本，可以分给几个班？
(2)140 本故事书，每班 30 本，可以分给几个班？

七嘴八舌

问题（1）可列式为92÷30。

问题（2）可列式为140÷30。

92÷30≈3（个）

140÷30≈5（个）

知识精讲

1. 整十数除两位数的笔算方法。

问题(1)中“92 本连环画,每班分 30 本,求可以分给几个班”就是看 92 里面有几个 30,所以用除法计算,列式为 92÷30,有两种算法,方法一:运用估算,口算出得数,92≈90,92÷30≈3(个);方法二:列竖式计算,因为 92 里面最多有 3 个 30,所以商 3,写在被除数个位的上面。竖式如下:

92÷30=3(个)……2(本)(算式的计算结果要写完整,不能丢掉余数)

```
     3  … 商要写在个位上
30)9 2    想92里面最多有几个30
   9 0  … 商和除数的积
   ———
     2  … 余数
```

由此可得出整十数除两位数的笔算方法:(1)被除数里面有几个除数,商就是几(表示几个一),要把商写在个位上,不能写在十位上。(2)余数要比除数小。

2. 整十数除三位数的笔算方法。

问题(2)中“140 本故事书,每班 30 本,求可以分几个班”同样用除法计算,列式为 140÷30。观察除数是两位数,被除数是三位数,因此在作商时要先看被除数的前两位。14 个十除以 30 不够商 1 个十,也就是被除数的十位不够商 1,再看被除数的前三位,看 140 里面最多有几个 30,商便是几,试商时想:30 乘几最接近 140。想 30×4=120,30×5=150,所以确定商 4,商 4 要写在被除数的个位上面。

二、除数接近整十数除法的试商

情境导入

(1)一本《作文选》多少元?

(2)王老师还有 196 元，要买 39 元一本的词典，可以买多少本？还剩多少元？

知识精讲

1. 根据单价×数量＝总价，问题(1)可列式为 84÷21，笔算时可以把除数看作与它接近的整十数用“四舍五入”法把 21 看作 20，转化成学过的整十数除法，再试商。如：

```
(20)  4
21 ⟌8 4
    8 4 ……商与原除数的乘积
      0
```

也可以同时将除数和被除数看作整十或几百几十的数。

```
    (20)  4
如：21 ⟌8 4 (80)
        8 4
          0
```

被除数和除数要同时看大或同时看小，这样试出的商才会合适。试商的方法可以不写出来，笔算 84÷21，可写成

```
     4
21⟌8 4
   8 4
     0
```

。

2. 问题(2)可列式为 196÷39，可以先将除数看作整十数来计算。39 接近 40，用“四舍五入”法把 39 看作 40 再试商，196 里面最多有 4 个 40，商 4 后，发现余数是 40，比除数 39 大 1，说明商 4 小了，余数里面有一个 39，所以商要加 1，改成商 5。如：

```
(40)     4 ……商4小了                    (40)     5 ……改商5
39 ⟌1 9 6                         ⇒     39 ⟌1 9 6
     1 5 6                                    1 9 5
       4 0 ……40里面还有1个39                      1
```

也可以把 196 看作 200，39 看成 40，200 里面有 5 个 40，所以商 5。

如：
$$\begin{array}{r} (40)\quad\ \ 5 \\ 39\overline{)\,1\,9\,6}(200) \\ 1\,9\,5 \\ \hline 1 \end{array}$$

特别提示！

调商是试商过程的一个重要环节，试商过程中会出现商过大或过小的情况，这就意味着许多情况下需要调商。

我的空间 我来补充笔记

三、除数不接近整十数的试商

问题导入

学校礼堂每排有26个座位，四年级共有140人，可以坐满几排，还剩几人？

知识精讲

“每排26个座位”也就是每排能坐26人，要求140人可坐满几排，也就是求140里面有几个26，可列式为140÷26，可以将26看作30来试商。

$$\begin{array}{r} (30)\quad\ \ 4 \\ 26\overline{)\,1\,4\,0} \\ 1\,0\,4 \\ \hline 3\,6 \end{array}\text{……36里面还有1个26} \quad \Rightarrow \quad \begin{array}{r} (30)\quad\ \ 5 \\ 26\overline{)\,1\,4\,0} \\ 1\,3\,0 \\ \hline 1\,0 \end{array}$$

也可以将26看作25来试商，直接用乘法25×5=125确定商。

$$\begin{array}{r} (25)\quad\ \ 5 \\ 26\overline{)\,1\,4\,0} \\ 1\,3\,0 \\ \hline 1\,0 \end{array}$$

比较两种方法，第一种方法需要调商，第二种方法直接确定商，由此可知第二种试商方式更适合除数不接近整十数(个位是4,5,6)的除法。

结合除数接近整十数的试商我们可以归纳出：在除数是两位数的除法中，如果除数是一个接近整十数的两位数，就用“四舍五入”法把除数看作与它接近的整十数试商，直接口算出商几。如果除数不接近整十数，既可以按照“四舍五入”的方法去试商，也可以把除数看作和它接近的几十五，再利用一位数乘法直接确定商。

四、商是两位数的除法

情境导入

学校共有 576 名学生，每 18 名学生组成一个环保小组。可以组成多少个小组？

七嘴八舌

可列式为576÷18。

18小于576的前两位数。

可以把18看作20，576看作600。

```
(20)  32
 18 )576(600)
     54
     ---
      36
      36
     ---
       0
```

知识精讲

1. “576 名学生，每 18 名学生组成一个小组，求可以组成多少组”就是求 576 里面有多少个 18，列式为 576÷18。
2. 比较 18 小于 576 的前两位，即用 18 除 576 的前两位，18 除 57 个十，商 3 个十，商“3”与被除数十位对齐，写在被除数十位上面，18 与 3 个十相乘得 54 个十，54 要写在 57 的下面，余 3 个十和个位上落下的“6”组成 36，

```
    3
18)576
   54
   ---
    36
```

如上式，18 除 36 商 2，“2”与被除数的个位对齐，写在被除数的上面，

如：
$$
\begin{array}{r}
32 \\
18\overline{)576} \\
54 \\
\hline
36 \\
36 \\
\hline
0
\end{array}
$$

由此可以得出除数是两位数的除法的笔算方法：从被除数的高位除起，先用除数试除被除数的前两位，如果前两位比除数小，再试除前三位数；除到被除数的哪一位，就把商写在哪一位的上面；每次除后余下的数必须比除数小。

解题方法论坛

题型1 最大数的填写

例 括号里最大能填几？

40×(　　)<95　　30×(　　)<179　　50×(　　)<395

60×(　　)<120

方法探究 此类问题可转化为除法问题来解决。如 40×(　　)<95 可看作：95÷40，然后可以通过整十数除法的笔算方法来计算，它的商是几就在括号里填几，若商与除数的积是被除数，则括号里要填的数是这个数减去1，如：60×(　　)<120 转化为 120÷60=2，题中要求 60×(　　)<120，则括号里应填 2-1=1。

提示 还可以通过比较来解决：如 40×(　　)<95，2个40是80<95，3个40是120>95，所以括号里应填2。

解答 2　5　7　1

题型2 判断商的位数

例 判断下列各算式的商是几位数，填在后面括号里。

425÷61 (　　)　　357÷35 (　　)

491÷30 (　　)　　380÷40 (　　)

方法探究 在两位数除三位数的除法算式中，判断商是几位，从除数入手，先看除数大小，再与被除数前两位比较大小。若被除数前两位小于除数，则商是一位数；如425÷61 中被除数前两位是42<61，所以它的商是一位数，若被除数的前两位大于或等于除数时，商是两位数。如357÷35 的商是两位数，491÷30 商是两位数。

解答 421÷61（商是一位数） 357÷35（商是两位数）

491÷30（商是两位数） 380÷40（商是一位数）

题型3 两位数除法的验算

例 计算下面各题并验算。

780÷78＝　　555÷11＝

方法探究 根据除数是两位数的除法的笔算方法进行计算；进行验算时如果没有余数，用商乘除数，看所得的积是否等于被除数；如果有余数，用商和除数相乘，所得的积再加上余数，看所得的和是否等于被除数。

提示

若被除数前两位与除数能正好除尽，且被除数末尾是0即个位是0，可直接在商的十位上写0占位。

如：

$$\begin{array}{r} 10 \\ 78\overline{)780} \\ \underline{78} \\ 0 \end{array}$$

解答 780÷78＝10

555÷11＝50……5

$$\begin{array}{r} 10 \\ 78\overline{)780} \\ \underline{78} \\ 0 \end{array} \quad 验算：\begin{array}{r} 78 \\ \times\ 10 \\ \hline 780 \end{array} \qquad \begin{array}{r} 50 \\ 11\overline{)555} \\ \underline{55} \\ 5 \end{array} \quad 验算：\begin{array}{r} 11 \\ \times\ 50 \\ \hline 550 \\ +\ \ 5 \\ \hline 555 \end{array}$$

题型4 除法的应用

例 有335 米花布，做棉被用去了186 米，剩下的要做床罩和被单，做一套床罩和被单共需要15 米花布。一共可以做多少套床罩和被单？

方法探究 求一共可以做多少套床罩和被单，就得先知道做完棉被后剩下花布的数量，335－186＝149(米)是做棉被后剩下花布的数量，再用除法求出一共可做多少套床罩和被单，可列式为149÷15。

> **注意** 当剩下的布不够做一套时，所以要舍去。在实际生活中，要根据实际情况来解决问题。

解答 (335－186)÷15

＝149÷15

＝9(套)……14(米)

答：一共可以做9套床罩和被单。

题型5 除法算式各部分之间的联系

例 两数相除的商为8，余数为25，被除数、除数、商和余数的和是328，求被除数。

方法探究 有余数的除法算式各部分之间的关系是：被除数＝除数×商＋余数，题中关系是：被除数＋除数＋商＋余数＝328，且商是8，余数是25。

由此可得出：被除数＋除数＝328－25－8＝295，25＋除数×8＝被除数，

被除数＋除数－余数＝商×除数＋除数，即(295－25)÷(8＋1)＝30，便可求出被除数。

解答 328－8－25＝295　　295－25＝270　　270÷(8＋1)＝30

30×8＋25＝265

答：被除数是265。

> **总结** 遇到此类型的题时，要始终明确被除数＝除数×商＋余数，可以转化它们之间的关系，根据题目的已知条件合理进行转化。

精选习题练练看

考题天天练

一、填一填

1. 两位数除三位数，如果被除数的前(　　)位不够除，就从被除数的前(　　)位除起。

2. 计算 65÷32 时，将 32 看作(　　)来试商，商(　　)，商和除数的积是(　　)，所得的余数是(　　)。

3. 计算 343÷78 时，将 78 看作(　　)来试商，商(　　)，商和除数的积是(　　)，所得的余数是(　　)。

二、括号里最大能填几

40×(　　)<180　　30×(　　)<258

50×(　　)<465　　50×(　　)<416

(　　)×90<753　　289>40×(　　)

三、判断正误，并把错误的改正过来

$$\begin{array}{r} 1 \\ 40\overline{)63} \\ 40 \\ \hline 23 \end{array}$$
(　)

改正：

$$\begin{array}{r} 2 \\ 30\overline{)85} \\ 60 \\ \hline 25 \end{array}$$
(　)

改正：

$$\begin{array}{r} 6 \\ 70\overline{)370} \\ 420 \\ \hline 50 \end{array}$$
(　)

改正：

$$\begin{array}{r} 5 \\ 50\overline{)280} \\ 550 \\ \hline 30 \end{array}$$
(　)

改正：

四、笔算下面各题并验算

$98 \div 21 =$　　　　$256 \div 42 =$　　　　$324 \div 63 =$

五、解决问题

1. 花园里种了 330 棵牡丹，每平方米可种 22 棵，那么这个花园的面积是多少平方米？

2. 修路队要修一条长 750 米的路，已经修了 420 米，剩下的如果每天修 55 米，还要修多少天？

3. 几个好朋友去看电影，买电影票一共花了 324 元，每张电影票 36 元。一共有几个人去看电影？

4. 每本故事书 29 元，小明有 130 元，他可以买几本故事书？还剩下多少元？

5. 小汽车 7 小时行驶 483 千米，飞机每小时飞行 621 千米。飞机的速度是汽车速度的多少倍？

新题精练

一、在下面的(　　)里填上适当的数

(　　)÷40＝6……28

500÷(　　)＝7……10

二、根据试商情况，很快说出准确的商，填在括号里

```
(30)      4
28 ) 1 4 0      (     )
     1 1 2

(60)      7
61 ) 4 3 5      (     )
     4 2 7

(60)      5
57 ) 3 4 5      (     )
     2 8 5

(80)      8
78 ) 6 0 4      (     )
     6 2 4
```

三、在□里填上合适的数字

```
             1 □
□ □ ) 1 □ 2
      1 □
      -----
        7 2
        □ □
      -----
          0

                □ □ □
□ □ ) □ □ □ 2 8
      □ □ □
      ---------
          □ □ □
          □ □ □
      ---------
              0
```

第三节　商的变化规律

理解和掌握商的变化规律，并能运用这一规律进行口算。

运用商的变化规律解决实际问题。

一、商的变化规律

问题导入

计算下面各题，你能发现什么？

被除数	除数	商
200÷	2	=
200÷	20	=
200÷	40	=

16	÷8 =	
160	÷8 =	
320	÷8 =	

七嘴八舌

20是2的10倍。

20的2倍是40。

$16\times10=160$　$160\div10=16$

$16\times2=32$　$320\div2=160$

知识精讲

1. 观察第一组算式：

200 ÷ 2 = 100
不变↑↓不变　÷10↑↓×10　×10↑↓÷10
200 ÷ 20 = 10
不变↑↓不变　÷2↑↓×2　×2↑↓÷2
200 ÷ 40 = 5

被除数没有变化，都是200。从上到下，除数不断变大，商却相应的不断变小；反之从下到上，除数不断变小，商却不断变大。也就是说，当被除数不变时，除数和商的变化正好相反，除数越大（小），商就越小（大），除数乘（或除以）几（0除外），商就除以（或乘）相同的数。

2. 观察第二组算式：

16 ÷ 8 = 2
÷10↑↓×10　不变↑↓不变　÷10↑↓×10
160 ÷ 8 = 20
÷2↑↓×2　不变↑↓不变　÷2↑↓×2
320 ÷ 8 = 40

除数8没有变化，都是8。从上到下，被除数不断增大，商也相应的不断变大；反之从下到上，被除数不断变小，商也不断变小。也就是说，当除数不变时，商随被除数的变大（变小）而变大（变小），被除数乘（或除以）几，商就乘（或除以）相同的数。

二、商不变的规律

问题导入

完成下表，你发现了什么？

被除数	14	140	280	560	5600
除数	2	20	40	80	800
商					

七嘴八舌

14÷2=7　140÷20=7

知识精讲

完成表格，表格中商的一栏都是7。

观察每栏的数及关系有：

$$14 \underset{\div 10}{\overset{\times 10}{\rightleftharpoons}} 140 \underset{\div 2}{\overset{\times 2}{\rightleftharpoons}} 280 \underset{\div 2}{\overset{\times 2}{\rightleftharpoons}} 560 \underset{\div 10}{\overset{\times 10}{\rightleftharpoons}} 5600$$

$$\div \qquad \div \qquad \div \qquad \div \qquad \div$$

$$2 \underset{\div 10}{\overset{\times 10}{\rightleftharpoons}} 20 \underset{\div 2}{\overset{\times 2}{\rightleftharpoons}} 40 \underset{\div 2}{\overset{\times 2}{\rightleftharpoons}} 80 \underset{\div 10}{\overset{\times 10}{\rightleftharpoons}} 800$$

$$\parallel \qquad \parallel \qquad \parallel \qquad \parallel \qquad \parallel$$

$$7 \underset{\text{不变}}{\overset{\text{不变}}{\rightleftharpoons}} 7 \underset{\text{不变}}{\overset{\text{不变}}{\rightleftharpoons}} 7 \underset{\text{不变}}{\overset{\text{不变}}{\rightleftharpoons}} 7 \underset{\text{不变}}{\overset{\text{不变}}{\rightleftharpoons}} 7$$

从左往右观察，可发现当被除数和除数同时乘相同的数，商不变；从右往左观察，可发现当被除数和除数同时除以相同的数，商也不变。

解题方法论坛

题型1 根据商的变化规律写得数

例 根据第一个算式的结果，直接写出下面各算式的结果。

320÷16=20

320÷8=　　　　320÷32=　　　　640÷16=

160÷16=　　　　160÷8=　　　　640÷32=

方法探究 观察上述算式，与“320÷16=20”作比较，根据商的变化规律，判断被除数和除数与第一个算式中被除数和除数之间的关系，最后写出商。如320÷8中，被除数没有变化，除数8×2=16，即16÷2=8。因此，依据商的变化规律，被除数不变，除数除以几，商相应的乘几，故320÷8的商为20×2=40。

解答 320÷8=40　　320÷32=10

640÷16=40　　160÷16=10

160÷8=20　　640÷32=20

题型2 根据商不变的规律填数

例 在方框中写出合适的数。

120÷24=(120×5)÷(24×□)

600÷25=(600÷5)÷(25÷□)

480÷24=(480÷□)÷(24÷8)

720÷15=(720×□)÷(15×2)

方法探究 仔观观察所给算式,被除数或除数都乘(或除以)一个数,要使商不变,根据商不变的规律,被除数和除数同时乘(或除以)相同的数,商不变。

解答 120÷24=(120×5)÷(24×5)

600÷25=(600÷5)÷(25÷5)

480÷24=(480÷8)÷(24÷8)

720÷15=(720×2)÷(15×2)

题型3 根据算式找规律

例 算一算,想一想,你发现了什么规律?

1600÷8=200

(1)(1600×3)÷(8÷2)=　　(2)(1600÷2)÷(8×2)=

方法探究 算式(1)与原式比较,被除数乘3,除数除以2,根据商的变化规律,若除数不变,被除数乘3,商也要乘3;若被除数不变,除数除以2,

商就要乘2,所以当被除数乘3,除数除以2时,商就乘(3×2),即商×6。算式(2)与原式比较,被除数除以2,除数乘2,根据商的变化规律,如果除数不变,被除数除以2,商也要除以2;如果被除数不变,除数乘2,商就要除以2,所以当被除数除以2,除数乘2时,商就除以(2×2),即商÷4。

解答 (1) (1600×3)÷(8÷2)
=200×(3×2)
=200×6
=1200

(2) (1600÷2)÷(80×2)
=200÷(2×2)
=200÷4
=50

总结

在除法算式中,被除数乘(或除以)几,除数除以(或乘)几,商就要乘(或除以)它们的乘积。

精选习题练练看

考题天天练

一、看谁算得又对又快

540÷60=　　720÷60=　　360÷90=

450÷90=　　840÷40=　　800÷40=

320÷40=　　600÷50=　　480÷40=

二、填一填

1. 两个数相除的商是28,如果被除数不变,除数除以4,那么商是(　　　);如果除数不变,被除数扩大到它的3倍,那么商是(　　　)。
2. 两个数相除,商是34,如果被除数和除数同时乘24,商是(　　　);如果被除数和除数同时除以24,商又是(　　　)。
3. 根据除法算式720÷30=24,直接写出下面各算式的得数。

72÷3=(　　　)　　7200÷300=(　　　)　　12×30=(　　　)

7200÷30=(　　　)　　720÷3=(　　　)　　7200÷3=(　　　)

4. 已知 $160\div20=8$，如果被除数 160 和商 8 同时除以 4，那么除数是(　　)；如果被除数不变，商除以 4，那么除数又是(　　)。

三、列竖式计算

$810\div90=$　　　　$360\div90=$　　　　$268\div40=$

$570\div15=$　　　　$425\div25=$　　　　$600\div24=$

四、解决问题

1. 一堆生活垃圾共有 391 吨，一辆大卡车一次能运走垃圾 17 吨。这堆生活垃圾需要运多少次才能运完？

2. 某家电商场有电熨斗、护眼灯、电吹风等家电，电熨斗每个 55 元，护眼灯每个 285 元。

(1)770 元可以买多少个电熨斗？

(2)一盏护眼灯的价钱是一台电吹风的 3 倍，一个电吹风多少元？

(3)买 27 个电吹风需要多少元？

3. 小汽车、大货车、客车三辆车同时在某公路上行驶,小汽车距 A 城 980 千米,大货车距 B 城 975 千米,客车距 C 城 780 千米。

(1)小汽车的速度是 70 千米/时,它还需要多长时间才能到 A 城?

(2)大货车需要 15 小时到达 B 城,它的速度是多少?

(3)客车的速度是 60 千米/时,12 小时后能否达到 C 城?如果不能,还需几小时?

新题精练

一、找出下列各题中的变化规律

1. 两数相除,如果被除数扩大到它的 4 倍,除数扩大到它的 2 倍,商怎样变化?

2. 两数相除，如果被除数扩大到它的 4 倍，要使商扩大到它的 8 倍，除数应该怎样变化？

二、在□里填上合适的数

111÷3=37　　222÷6=37

333÷9=37　　444÷□=37

555÷□=37　　666÷□=37

□÷21=37　　□÷24=37

三、仔细观察，找出规律，再填数

111111111÷9=12345679　　222222222÷18=12345679

333333333÷27=12345679　　(　　　)÷36=12345679

555555555÷(　　)=12345679　　777777777÷(　　)=12345679

(　　　)÷(　　)=12345679

四、在一个数的末尾添上一个“0”以后，得到的数比原来的数多 36，原来的数是多少？

第五单元测试

一、填一填

1. 375÷24 的商是(　　)位数,224÷42 的商是(　　)位数。

2. 下面的括号中,最大能填几?

80×(　　)<568　　　　60×(　　)<312

3. 根据 54÷6=9,直接写出下面各题的商。

540÷60=(　　)　　　　5400÷600=(　　)

5400÷6=(　　)

4. 562÷19,可以把 19 看作(　　)来试商,商的最高位在(　　)位上。

5. 李老师带了 560 元为学校买足球,每个足球 45 元,最后还余下 20 元,李老师共买了(　　)个足球。

6. 一辆汽车每小时行 42 千米,要行驶 400 千米,大约需要(　　)小时。

7. 被除数扩大到它的 20 倍,除数(　　),商不变。

8. 两数相除,商为 12,把被除数和除数同时扩大到它的 5 倍,商是(　　)。

9. 两个数相除,除数是 32,商是 14,余数是 8,那么被除数是(　　)。

二、判断正误(对的打"√",错的打"×")

1. 125÷20,商是 6,余数是 5。(　　)

2. 两位数除三位数,商是两位数时,商的个位一定是 0。(　　)

3. 在有余数的除法中,被除数和除数同时扩大到它的 3 倍,那么余数也扩大到它的 3 倍。(　　)

4. 在进行除法计算时,得出的余数是 47,那么除数最小是 48。

(　　)

5. 被除数的末尾有几个 0，商的末尾就有几个 0。　　（　　）

三、计算大本营

1. 口算。

72÷4＝　　270÷90＝　　240÷30＝　　64÷2＝

120÷31≈　　322÷81≈　　561÷82≈　　151÷30≈

2. 列竖式计算。

180÷15　　140÷35　　423÷24

196÷28　　912÷27　　996÷83

288÷48　　989÷43　　1640÷20

四、在○里填上“>”“<”或“＝”

823÷89 ○ 9　　482÷54 ○ 10

731÷42 ○ 18　　126÷21 ○ 6

五、按要求在□填上合适的数字

1. 商是一位数，□里最大能填几？

□58÷26　　□78÷78　　2□0÷24

2. 商是两位数，□里最小能填几？

9□9÷93　　□27÷41　　□80÷39

六、解决问题

1. 四年级(1)班有 34 名同学参加植树活动，一共有 320 棵树苗。平均每名学生植几棵树？还剩多少棵树苗？

2. 小明看一本故事书，如果每天看 25 页，18 天看完，如果要提前 3 天看完。平均每天要看多少页？

3. 红星小学向希望小学捐赠了 453 本故事书，捐赠的科技书比故事书多 197 本，如果要把所有的科技书装箱。每 50 本装一箱。一共要装多少箱？

4. 某鞋城有两种品牌皮鞋，甲品牌皮鞋每 24 双装一箱，每箱可以卖 864 元，乙品牌皮鞋每 18 双装一箱，每箱可以卖 684 元。哪种品牌的皮鞋便宜？

A
B
难度指数：
我们叫做复式统计图代表了两种事，物利害吧！
难度指数：
我们代表三种事物，比你们更利害！
你们算什么我才是你们的基础，没有我哪来你们！
难度指数：
都过来给我扇扇风！

第六单元　统　计

单元目标抢先看

1 认识两种复式条形统计图。能根据统计图提出并回答简单的问题，发现信息并进行简单的数据分析。

2 对生活中的有关事例进行调查，学会制作复式统条形计图，增强合作意识和实践能力。

统　计

能根据所给的信息完成复式统计图。

根据统计图发现信息、分析信息并提出简单的问题。

教材知识讲坛

一、纵向复式条形统计图

问题导入

你能根据下面某地区城乡人口统计表制成统计图吗？

某地区城乡人口统计表

年份 / 人数/万人 / 地区	1985	1990	1995	2000
城镇	30	32	34	37
乡村	23	22	21	20

知识精讲

1. 上表是一个复式统计表。

根据统计表中信息,可以得到以下两个统计图。

某地区城镇人口统计图

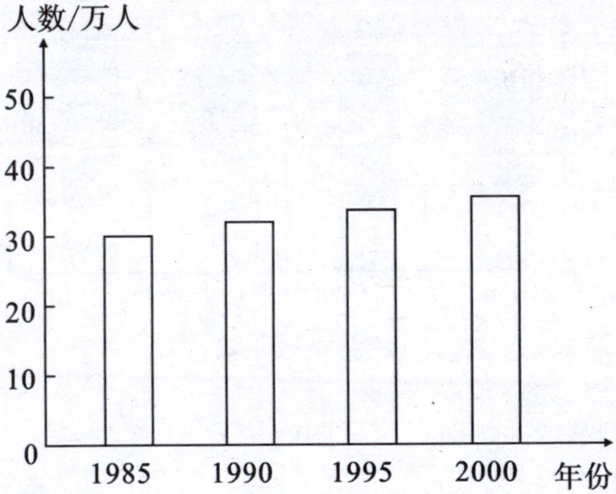

某地区乡村人口统计图

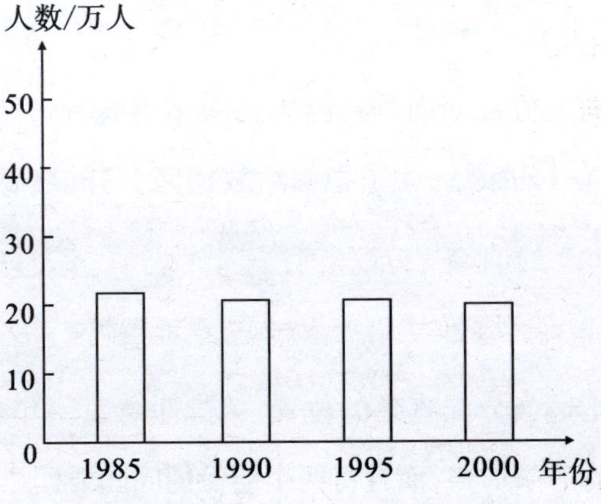

观察以上两个条形统计图,不能很快地判断出相同年份乡村和城镇人口数量的增减变化情况。因此,可以将以上两个统计图合成一个统计图即复式条形统计图,就是将复式统计表中给出的两组数据,同时

出现在一个统计图中。如：

某地区城乡人口统计图

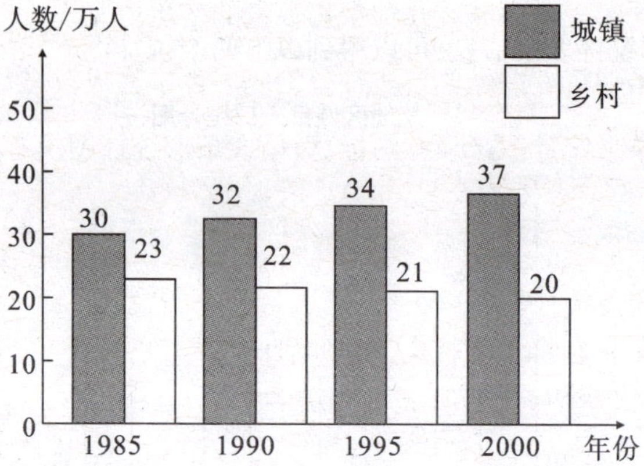

绘制方法：

(1)写出统计图名称，确定统计图的位置。

(2)在统计图名称的正下方画出两条相互垂直的射线水平方向的射线，确定为横轴（表示年份），与水平方向垂直的射线确定为纵轴（表示人数）。

(3)统计图右上方标明图例。因为每一年中既有城镇人口的数量，又有乡村人口的数量，为了把两组数据区分开，就要用不同颜色（或不同底纹）的直条表示。例：代表城镇人口，代表乡村人口。

(4)在横轴上适当分配直条的位置，关键注意每一年份要确定两个等宽且挨着的条形格，而且每两个年份的间隔要同样大。

(5)在纵轴上确定单位长度。（同单式条形统计图方法相同）

(6)根据数据大小画出长短不同的直条。

(7)给直条涂上不同的颜色或底纹。

2. 复式条形统计图与单式条形统计图的区别。

(1)单式条形统计图只表达一种事物数量的变化情况，复式条形统计图能同时表达两种或几种事物数量的变化情况。

(2)复式条形统计图经常把两种事物或多种事物成对进行对比。

(3)复式条形统计图必须有图标，而单式条形统计图没有图标。

特别提示！

在复式条形统计图中：

1. 每个直条的宽窄要一致，间隔要相等，且上下宽度相同，尤其长度要准确。
2. 标明纵轴和横轴分别表示的事物名称。
3. 图例要标明，使人一目了然，很快判断出统计图中每一直条表示的是哪组数据。

我的空间 我来补充笔记

二、复式条形统计图的数据分析

问题导入

分析上题中的统计图，回答下列问题。

(1)哪年城镇人口数量最多？哪年最少？

(2)哪年乡村人口数量最多？哪年最少？

(3)哪年城乡人口总数最多？哪年最少？

知识精讲

1. 判断问题(1)中，哪年城镇人口最多，哪年最少，先要在复式条形统计图中找到每一年中代表城镇人口的直条,然后再根据直条的长短判断出哪年人口数最多,哪年人口数最少。同样方式也能判断出问题(2)中,乡村人口数哪年最多,哪年最少。观察比较发现2000年城镇人口最多,1985年城镇人口数最少;1985年乡村人口数最多,2000年乡村人口数最少。

2. 判断问题(3)中,哪年城乡人口总数最多,哪年最少,可结合数据及直观图综合考虑,也可以将每一年的城乡人口数加起来,再进行比较。通过观察计算判断出2000年城乡人口总数最多,1985年城乡人口总数最少。

3. 复式条形统计图,可以从横向、纵向和综合对比等不同的方向去观察,获取尽可能多的信息。

解题方法论坛

题型1 依据统计图填写统计表

例 下面是某地区2001~2004年废水排放量统计图。

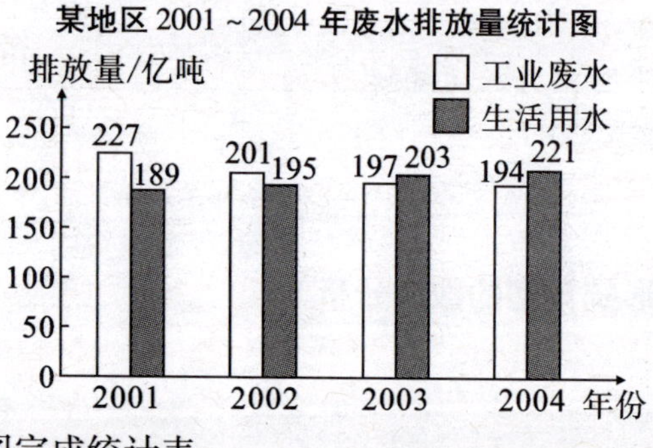

根据统计图完成统计表。

某地区2001~2004年废水排放量统计表

年份 排放量/亿吨 名称	2001	2002	2003	2004
工业废水				
生活废水				

方法探究 认真观察该统计图,先明确每种图标分别代表什么,如■代表生活用水,□代表工业用水,再看横轴的年份是否与统计表中的年

份一一对应。最后根据图标上所示数量填入相应位置。

解答 某地区 2001 ~2004 年废水排放量统计表

排放量/亿吨　年份 名称	2001	2002	2003	2004
工业废水	227	201	197	194
生活废水	189	195	203	221

题型2 根据所给信息完成横向复式条形统计图

例 甲、乙两地区 2001 ~2004 年降水量统计表如下。

甲、乙两地区 2001 ~2004 年降水量统计表

降水量/毫米　年份 地区	2001	2002	2003	2004
甲	620	650	700	720
乙	600	580	550	510

根据统计表完成下面的统计图。

甲、乙两地区 2001 ~2004 年降水量统计图

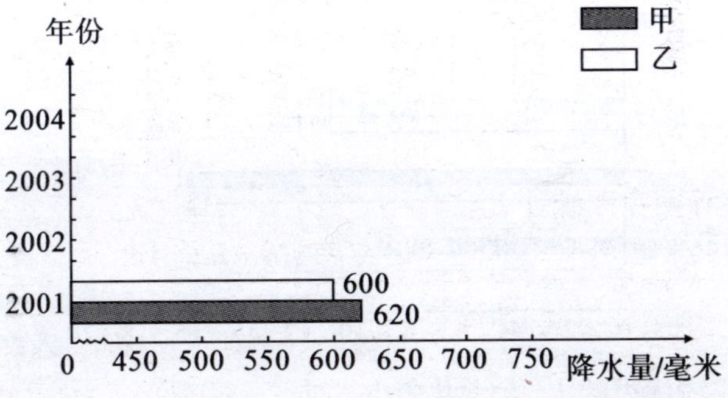

方法探究 所给统计图是一个横向复式条形统计图，横轴代表每年的降水量，纵轴代表年份。横向复式条形统计图与纵向复式条形统计图的绘制方法是相同的，只是形式上不同，横向复式条形统计图的直条是呈水平方向排列的。

解答

甲、乙两地区 2001 ~2002 年降水量统计图

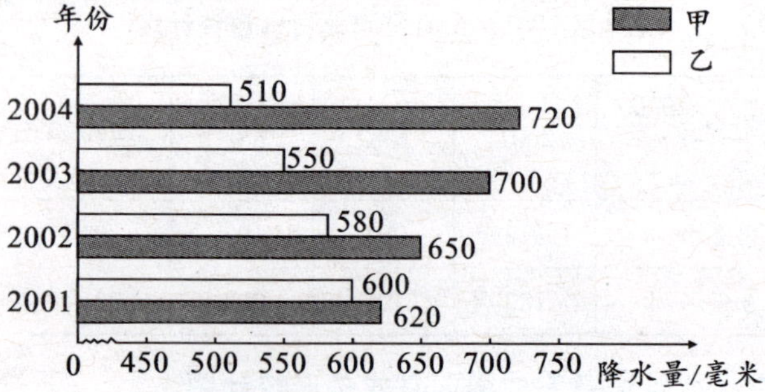

精选习题练练看

考题天天练

一、我会填

1. 常用条形统计图有(　　　　　)和(　　　　　)两种。
2. 条形统计图可以清楚地看出数量的(　　　　　)。
3. 复式条形统计图一定要标清(　　　　　)。
4. 统计图中每一小格代表的数值都(　　　　　)。

二、看图回答问题

四(1)班男、女生体育成绩优秀人数统计图

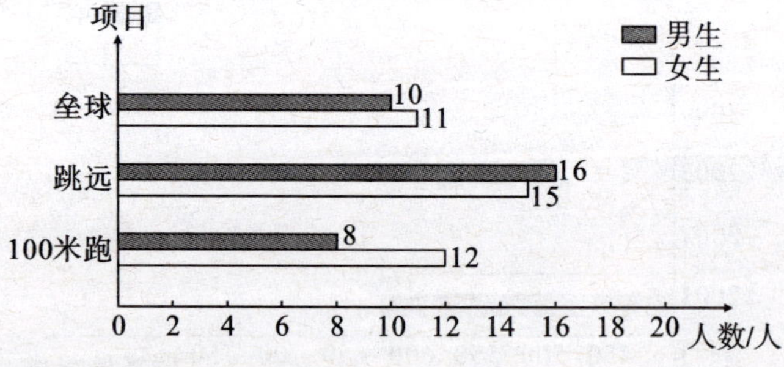

1. 跳远成绩优秀的男、女生共多少人?

2. 100 米跑女生获得优秀的比男生多多少人?

三、下面是某学校五、六年级参加兴趣小组情况统计图

某学校五、六年级学生参加兴趣小组情况统计图

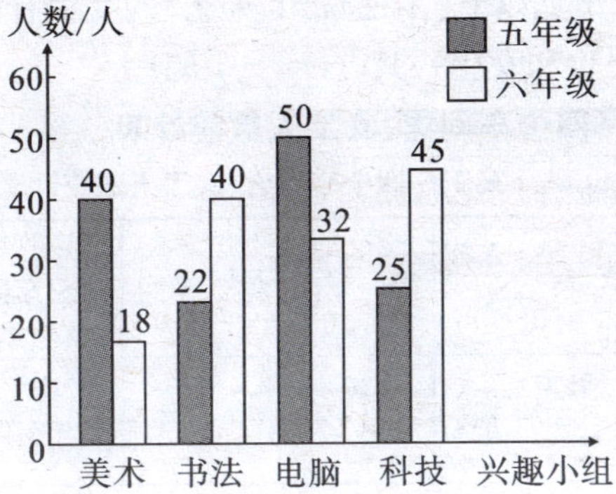

根据统计图制作统计表。

新题精练

一、看统计图填空

四(1)班学生体重统计图

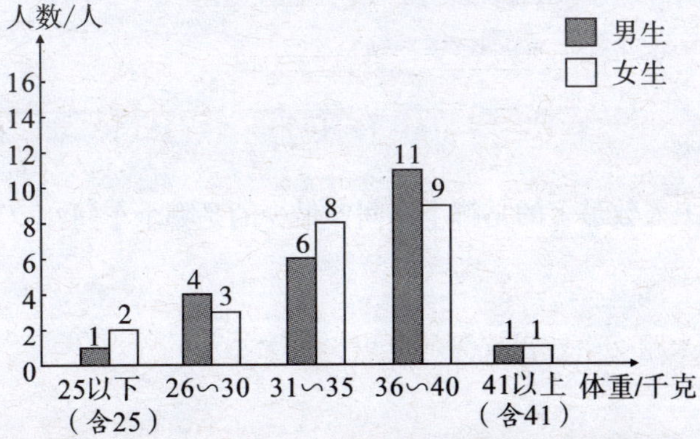

1. 体重在31～35千克范围的女生比男生多(　　)人。
2. 体重在30千克以上(不包括30千克)的男生有(　　)人。
3. 体重在31千克以下(不包括31千克)的女生有(　　)人。
4. 四(1)班男生和女生一共有(　　)人。

二、下面是某工厂四个车间男、女工人数统计表

某工厂四个车间男、女工人数统计表

人数/人　车间 性别	第一车间	第二车间	第三车间	第四车间
男工	30	50	45	55
女工	25	20	35	40

某工厂四个车间男、女工人数统计图

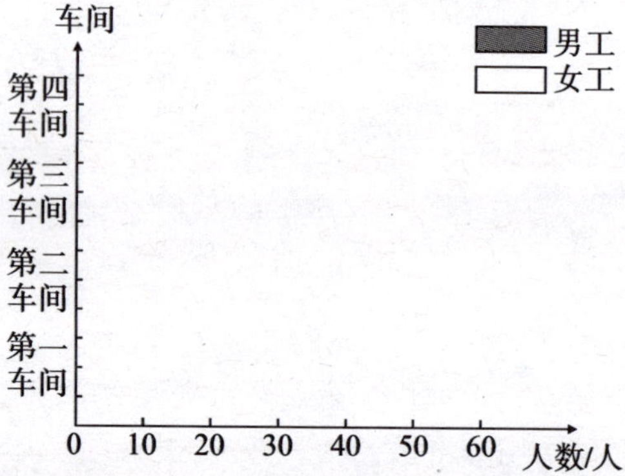

1. 根据统计表,完成统计图。
2. 男工人数最多是哪个车间?最少的是哪个车间?

3. 女工人数最多的是哪个车间?最少的是哪个车间?

三、下面的条形图显示了李林、张强、王红三人收集邮票的张数。张强给李林和王红各多少张后，三人的邮票张数同样多？

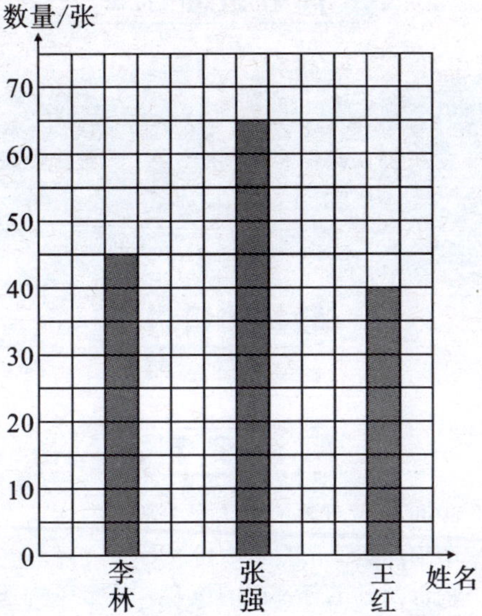

四、请你调查本班男女同学各自“最喜欢吃的食物”，先制成统计表，然后绘制成统计图，并分析获取的营养情况，提出自己的建议。

你寄过贺卡吗？

通过阅读资料，运用统计和估算等数学知识发现问题。

根据分析结果，提出解决问题的策略。

教材知识讲坛

情境导入

阅读资料

(1)生产2000张贺卡要消耗1棵3米高的树。

(2)根据中华环境保护基金会对北京地区机关、学校、企业、商社及邮电等部门的调查，该市每年圣诞节至春节期间的贺卡邮寄量达3000多万张，相当于砍伐10年生树木1万多棵。

(3)回收1吨废纸，可以少砍17棵大树，生产800千克好纸，减少三分之一的水污染，节省一半以上的造纸能源。

阅读以上资料，你有什么感想？

七嘴八舌

少寄用纸做的贺卡。

以后给朋友送电子贺卡。

纸要双面写。

废纸旧纸要回收再利用。

知识精讲

1. **发现问题。**

通过对资料的阅读,我们会发现平时寄贺卡的行为消耗掉了大量的木材,小小贺卡为我们带来了祝福,却让我们间接地成为了森林的破坏者,对废纸的有效回收,是解决这一问题的有效途径。

2. **提出问题。**

贺卡究竟对森林有多大伤害?可以做一个简单的统计调查。如下面聪聪对小组同学的个人及家庭去年收到贺卡张数的统计。

成员	总计	李文	王静	陈然	付振	平均
个人	16	4	6	2	4	4
家庭	28	8	10	4	6	7

概括统计表可得出,平均每人收到4张贺卡,若全班有48名同学,则一年大约共收到48×4≈200(张)贺卡,若全校有36个这样的班级,大约一共收到8000张贺卡,生产2000张贺卡要消耗1棵3米高的树,8000÷2000=4(棵)全校同学收到的贺卡大约要砍掉4棵3米高的树,同时也可得平均每个家庭收到7张贺卡,若一个班有48个家庭,一个学校有36个这样的班级则大约可收到14000张贺卡,14000÷2000=7(棵),全校同学家庭收到的贺卡大约要砍掉7棵3米高的树。想一想,全市有多少个家庭?全省、全国呢?他们一年收到的贺卡大约要砍掉多少棵树呢?

总结

通过对数据的分析,我们要做到保护森林,节约用纸。

3. **解决问题。**

针对提出的问题"保护森林,节约用纸"展开讨论。如:可以用旧挂历、杂志、报纸做环保贺卡;平时写字的纸两面都写;废纸、旧报纸要再回收利用。

在以后的学习和生活中,我们不但要时刻注意节约用纸,同时也要向家长、周围的人及社会宣传节约用纸的好处,让"节约用纸"成为我们生活的一部分。

第六单元测试

一、我会填

1. 条形统计图是用一个(　　　　)表示一定的数量,根据数量的多少画成长短不同的(　　　　),然后把这些直条按照一定的(　　　　)排列起来。

2. 用统计图表示有关数量之间的关系,比统计表更加(　　　　),使人(　　　　),印象深刻。

二、择优录取(将正确答案的序号填在括号里)

1. 条形统计图用(　　)表示数量的多少。

A. 直条的宽度　　　　B. 直条的长短

2. 从条形统计图中很容易看出各种数量的(　　)。

A. 多少　　B. 大小　　C. 高低

三、远东苗圃 2007 ~ 2009 年培育松树苗和杨树苗棵数如下表,根据表中的数据,完成下面的条形统计图

树苗 \ 棵数/棵 \ 年份	2007	2008	2009
松树苗	1200	1500	1400
杨树苗	800	850	900

远东苗圃 2007 ~ 2009 年培育树苗情况统计图

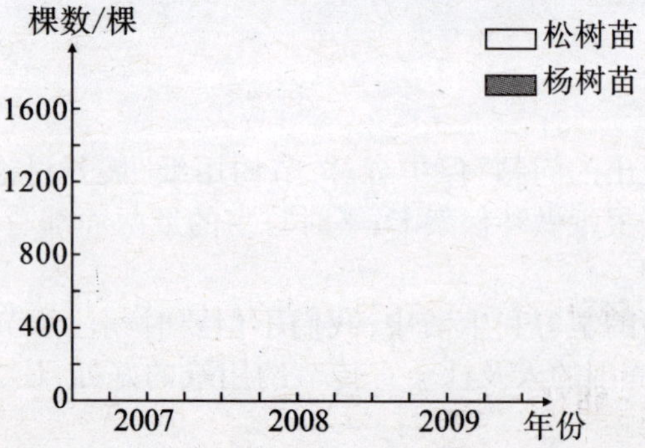

四、根据下图回答问题

六年级各班参加植树人数情况统计图

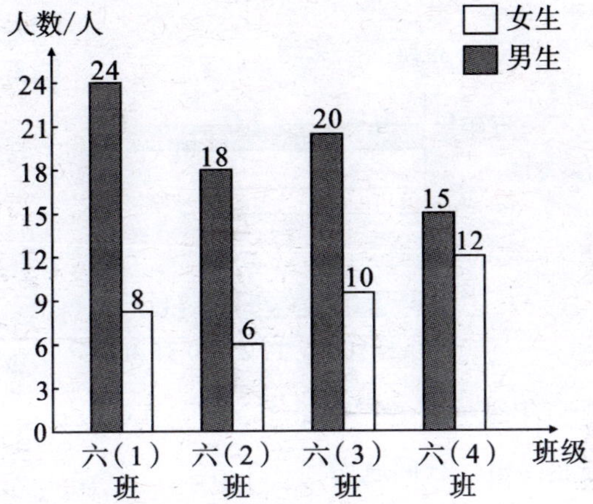

1. 参加人数最多的班是哪一个？最少的班呢？

2. 一共有多少人参加植树？其中男生多少人？女生多少人？

3. 已知一共栽了339棵树，平均每人栽多少棵？

五、按要求完成下面各题

1. 下面是红光小学三、四、五三个年级男女生人数情况统计图，三年级：男生33人，女生27人；四年级：男生30人，女生33人；五年级：男生40人，女生35人。根据上面的数据将下面的条形统计图补充完整。

红光小学三、四、五年级男女生人数情况统计图

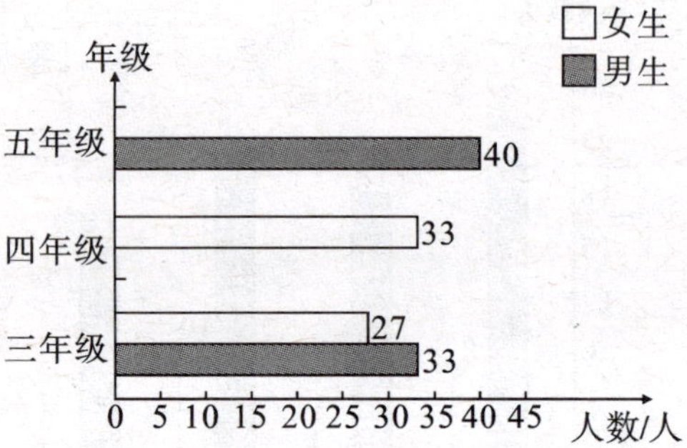

(1)(　　)年级男生的人数最多,(　　)年级女生的人数最少。

(2)你还能提出什么问题?

2. 某电脑公司第一、第二门市部2006～2009年盈利情况如下表。

年份 / 利润/万元 / 部门	2006	2007	2008	2009
第一门市部	40	42	70	110
第二门市部	50	60	90	115

根据表中的数据,完成下面条形统计图。

某电脑公司第一、第二门市部2006～2009年盈利情况统计图

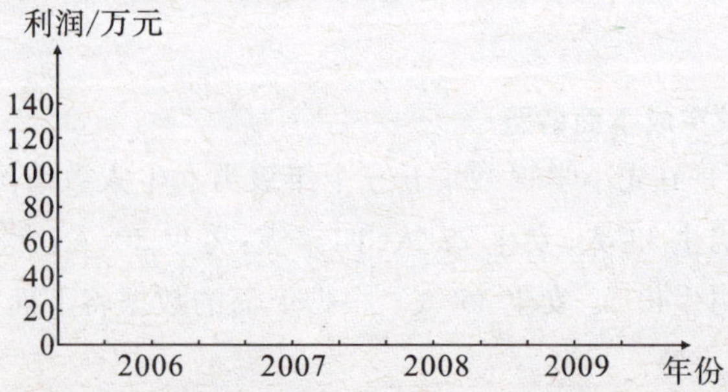

根据统计图填空。

(1)纵轴上每个单位长度表示(　　)万元。

(2)(　　)年第一、第二门市部盈利相差最少。

(3)(　　)年第一、第二门市部盈利相差最多。

(4)第一门市部(　　)年盈利最多,(　　)年上盈利最少。

(5)从图中,你还能知道哪些信息?

六、下面是实验小学各活动小组男、女生人数统计表。

手工组男、女生人数统计表

性别	合计	男生	女生
人数	37	17	20

模型组男、女生人数统计表

性别	合计	男生	女生
人数	28	15	13

乒乓球组男、女生人数统计表

性别	合计	男生	女生
人数	40	22	18

请根据上面的统计表完成下面的统计表。

性别 / 人数/人 / 小组	合计	男生	女生

请根据统计表里的数据完成下面的统计图。

实验小学各活动小组男、女生人数统计图

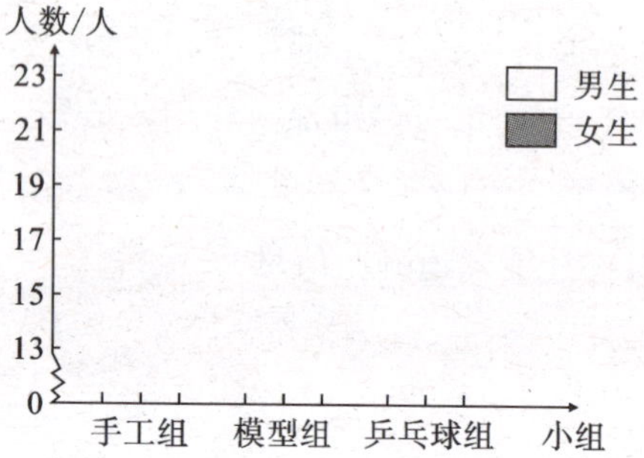

1. 哪一组的男生最多？哪一组的女生最多？

2. 哪一组的男生最少？哪一组的女生最少？

3. 一共有多少人参加这三项课外活动小组？

七、下面是王强同学从二年级到四年级数学第二学期末测试成绩统计图，已知三次测试的平均分是 96 分，那么在二年级数学第二学期末测试他得了多少分？请你先算一算，再完成下面的条形统计图。

二～四年级数学第二学期末测试成绩统计图

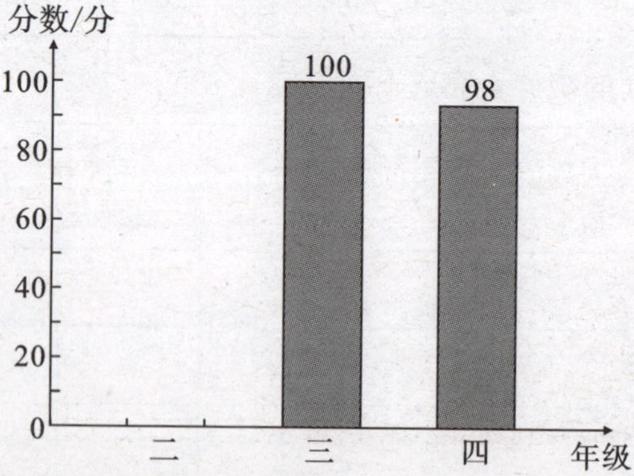

休息会儿？
不要！没有时间啦！
休息会儿，让大脑歇会！这时候你可以想想晚饭吃什么？劳逸结合！
累死了！银杏树叶都没有找到！又得去找牵牛花！
可以在找银杏树叶的时后看看有没有牵牛花！让时间充分利用！
睡之前，我总是很害怕！害怕……
那就趁这会儿！回忆回忆今天所学的！
既不害怕，还能复习一举两得！

第七单元　数学广角

单元目标抢先看

1. 通过简单的事例，初步体会运筹思想和对策论方法在解决实际问题中的应用。

2. 认识到解决问题策略的多样性，形成寻找解决问题最优方案的意识。

3. 逐渐养成合理安排时间的良好习惯。

数学广角

我是重点：在同一问题不同解决策略中找解决问题的最优方案。

我是难点：用数学方法解决生活中的实际问题。

教材知识讲坛

运用运筹思想解决问题

情境导入

1. 烙 3 张饼，有多少种烙法？那种方法比较合理。

2. 如果要烙 4 张饼，5 张饼……10 张饼呢？

知识精讲

1. 烙 3 张饼的方法有三种。

方法一：每次烙一张饼。正、反面各需 3 分钟，共需 6 分钟，3 张共需时间 3×6 = 18（分钟）。

方法二：先烙两张，再单独烙一张，3 张共需时间 6+6 = 12（分钟）。

方法三：第一次先烙第 1 张、第 2 张的正面，第二次烙第 1 张的反面，第 3 张的正面，第三次烙第 2 张和第 3 张的反面，这种方案共需时间 3×3 = 9（分钟）。

比较以上三种方法，第三种方法所用时间最少，因此第三种方法是最合理的，既充分利用锅面的空间又最省时。

2. 烙饼的最佳方案是每一次尽可能地让锅上按要求放最多的饼，这样既没有浪费资源，又节省时间。

通过烙 3 张饼的方法，可以得出：

烙 4 张饼的时间：6×2 = 12（分钟）。

烙 5 张饼的时间：6+9 = 15（分钟）。

烙 6 张饼的时间：6×3 = 18（分钟）。

烙 7 张饼的时间：6×2+9 = 21（分钟）。

烙 8 张饼的时间：6×4 = 24（分钟）。

烙 9 张饼的时间：6×3+9 = 27（分钟）。

烙 10 张饼的时间：6×5 = 30（分钟）。

因此，我们可以知道：如果要烙的张数是双数，2 张 2 张地烙就可以了；如果烙的张数是单数，可以先 2 个 2 个地烙，最后的 3 张，就按我们前面讲过的“方法三”去烙最节省时间。

总结

解决同一个问题可以有不同的策略，要学会寻找解决问题的方案。

解题方法论坛

题型 1 合理安排做事顺序

例 小明给李阿姨沏茶，烧水需 8 分钟，洗水壶需 1 分钟，洗茶杯需 2 分钟，接水需 1 分钟，找茶叶需 1 分钟，沏茶需 1 分钟，要使客人最快喝上茶，最少需要多长时间？

方法探究 首先确定要做哪几件事，如题中要烧水、洗水壶、洗茶杯、接水、找茶叶、沏茶，然后要明确做事的先后顺序；首先必须烧水，而烧水前必须洗水壶和接水，烧水需要 8 分钟，在等待水开的 8 分钟里可以完成洗茶杯和找茶叶两件事，水开后再沏茶。

如所示流程图：

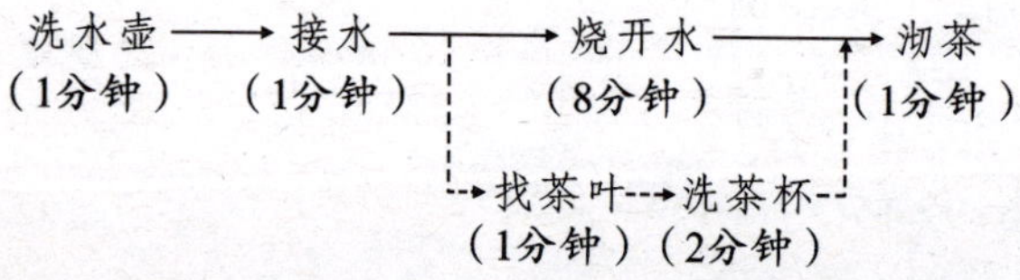

提示

要想客人尽快喝到茶，能同时做的事尽量同时去做，这样才会节省时间。

解答 1+1+8+1=11（分钟）

答：最少需要 11 分钟。

总结

解决合理安排时间问题需要按以下的步骤进行：

（1）完成一项工作要做哪些事情。

（2）每项事情各需要多少时间。

（3）合理安排工作的顺序，明确先做什么，后做什么，哪些事情可以同时做就同时做。

题型2 解决怎样排队使等候时间总和最少的问题

例 洪水要来了，张大爷骑在牛背上把他的甲、乙、丙、丁4头牛赶过河，甲牛过河要3分钟，乙牛过河要4分钟，丙牛过河要4分钟，丁牛过河要6分钟，每次只能赶两头牛过河要把这4头牛尽快赶到对岸，最少需要多少分钟？

方法探究 要使时间最少，应考虑以下两点：其一，同时过河的两头牛相差时间要尽可能少些，才能使花时间少的牛少浪费些时间；其二，在过河后，返回时应骑花时间少的牛回来，张大爷赶牛的顺序为：骑甲牛赶乙牛（4分钟）→骑甲牛返回（3分钟）→骑甲牛赶丙牛（4分钟）→骑甲牛返回（3分钟）→骑甲牛赶丁牛（6分钟）（不返回）

解答 (3+4)+(4+3)+6=20(分钟)

答：最少需要20分钟。

总结

解决“等候总时间最短”的问题的方法是：依次从等候时间最短的事情开始做起，就能保证等待的总时间最短。

精选习题 练练看

考题天天练

一、妈妈让任天宇给客人烧开水沏茶，洗水壶和接水要 2 分钟，烧开水需要 20 分钟，洗茶壶需要 2 分钟，洗茶杯需要 2 分钟，为了使客人早点喝上茶，你认为最合理的安排，多少分钟后就能沏茶了？

二、在早晨起床后的 1 小时之内，李老师得完成以下事情：叠被子 3 分钟，洗脸刷牙 8 分钟，做早餐 20 分钟，吃早餐 10 分钟，收碗擦桌 5 分钟，收听广播 30 分钟，为了尽快做完这些事，应该怎样安排才能使用的时间最少？最少需要多少分钟？

三、甲乙丙丁四个同学到一水龙头处用水，甲洗拖把需要 4 分钟，乙洗抹布需要 4 分钟，丙洗衣服需要 5 分钟，丁用桶注水需要 2 分钟，怎样安排四人用水的次序，使它们所花的总时间最短，最短是多少？

新题精练台

一、小红和小强轮流取火柴棍，每次只能取 1 根或 2 根，一共有 15 根火柴棍，谁取到最后 1 根谁赢，为了确保获胜，是应该先取还是后取？怎样取？

二、他们是长跑比赛的前四名，你知道他们各自的名次吗？把他们的名次填在括号里。

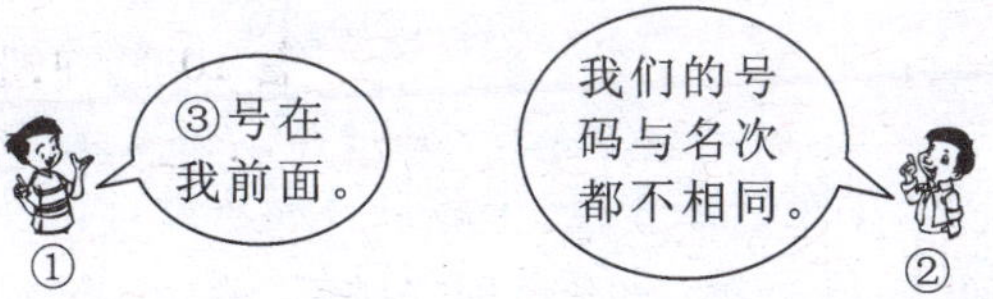

（　　）　　　　（　　）

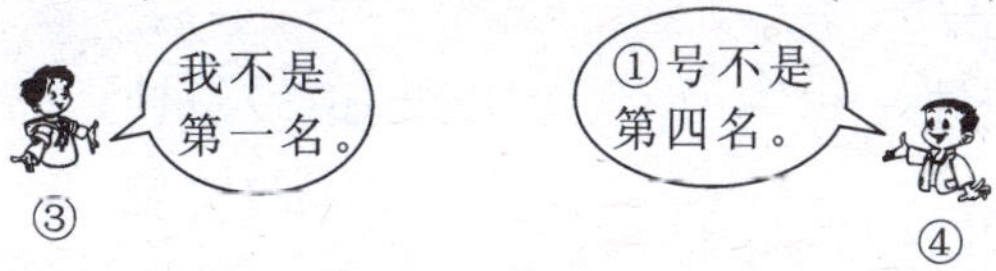

（　　）　　　　（　　）

三、17 个战士要坐船过河，渡口处只有一条能载 5 人的小船（无船工）。他们要全部渡过河去，至少要使用这条小船渡河多少次？（往返各算一次）

第七单元测试

一、将正确答案的序号填在(　　)里

1. 一间理发店，只有一位理发师。这一天同时来了四位顾客，按他们所要理的发型，甲需要15分钟，乙需要25分钟，丙需要18分钟，丁需要40分钟。理发师应该按(　　)顺序安排，才能使这四个人理发及一共等候所用的时间最少。

A. 丁、乙、丙、甲　　B. 甲、乙、丙、丁

C. 甲、丙、乙、丁　　D. 甲、丙、丁、乙

2. 一个平底锅，每次只能放两张饼，如果一张饼两面都烙，每面需要4分钟，那么烙3张饼最少需要(　　)分钟。

A. 15　　B. 16

C. 12　　D. 8

3. 小红、小明、小刚去医务室，小红打针需4分钟，小明开药需2分钟，小刚换药需25分钟，大夫合理安排后，最少的治疗及等候时间总和为(　　)。

A. 31分钟　　B. 39分钟

C. 28分钟　　D. 29分钟

二、解决问题

1. 六年级一班的王明与六年级一班的张刚跑步速度都是13米/秒，一班蒋军与二班的高强跑步速度都是12米/秒，一班的高健与二班李吴跑步速度都是11米/秒，在运动会上，他们每人参加一项赛跑，一班要怎样报项目才能胜二班。

	一班	二班
100米		张刚
200米		高强
400米		李吴

2. 下面是蒸包子的几个步骤：

①洗菜:3 分钟　　②切菜、切肉:10 分钟

③拌馅:2 分钟　　④和面:5 分钟

⑤等面发酵:40 分钟　　⑥包包子

想一想怎样安排这几个步骤，才能使蒸包子所用的时间最短。

3. 3 路汽车可以坐 15 人，上车需要用 5 分钟，5 路汽车可以坐 25 人，上车需要 8 分钟，1 路汽车可以坐 30 人，上车需要 10 分钟，假如要一辆一辆地进站，想一想，怎样安排才能使它们等候的时间总和最少？

4. 明明要把一只狗、一只鸡、一篮青菜带过河，由于船小，他每次只能带一样东西过河，而且没有人时，狗会咬鸡，鸡会吃菜，你能帮明明想个办法吗？

5. 

甲车　　乙车　　丙车

只能一车一车地卸货。

要使三辆货车的等候时间的总和最小，应该按怎样的顺序卸货？

6. 小明放学回家后，姐姐对他说："我今天做你最喜欢吃的红烧鱼，不过你要帮姐姐设计一下，看看怎样安排用的时间最少。"请你和小明一块来设计一个顺序，帮他们尽早开饭。

杀鱼、洗鱼5分钟

烧鱼10分钟

淘米2分钟

做米饭15分钟

第八单元　总复习

第一节　多位数的认识

认识计数单位“万”“十万”“百万”“千万”和“亿”，知道亿以内及亿以上各个计数单位的名称和相邻两个计数单位之间的关系。

掌握数位顺序表，根据数级正确地读写大数，会比较大数的大小，会改写，会求近似数。

教材知识回顾

多位数的认识

1. **大数的认识。**

10 个一万是十万，

10 个十万是一百万，

10 个一百万是一千万，

10 个一千万是一亿。

一(个)、十、百、千、万……亿都是计数单位，每相邻两个计数单位之间的进率都是十。

2. **数位顺序表。**

数位	…	千亿位	百亿位	十亿位	亿位	千万位	百万位	十万位	万位	千位	百位	十位	个位
数级	…	亿级				万级				个级			
计数单位	…	千亿	百亿	十亿	亿	千万	百万	十万	万	千	百	十	个

3. 大数的读写。

(1)读大数时,首先应四位一级,从高级向低级读,每一级的读法同个级读法相同,要注意的是每一级末尾的0都不读,其他数位有一个0或连续几个0的都只读一个0。

(2)写数时,也要一级一级地往下写,除了最高级外,后面的每一级都要写四位数,特别注意的是没有单位的数位都要用0占位,如三十八万九千零六十写作389060。

4. 数的大小与改写。

(1)数的大小比较。

①位数不同时,位数多的数大。

②位数相同时,从高位比起,最高位上的数字大的数大,如果最高位上的数字相同,就比较次高位……

(2)数的改写与省略。

数的改写:把整万或整亿的数改写成以"万"或"亿"为单位的数,只需取掉这个数末尾的四个或八个零,然后添上"万"或"亿",原数与改写的数之间用"="连接。

数的省略:用"四舍五入法"省略万位或亿位后的尾数,然后在数的末尾添上"万"或"亿"字。原数与省略后的数用"≈"号连接。

典型例题精讲

例1 读写出下面各数并说出数的组成。

(1)7308400007　　　　(2)六十亿八千万零三十

方法探究 (1)读此数时先分级,然后先读亿级,再读万级,最后读个级,73┆0840┆0007 亿级的数读作七十三亿,万级的千万位和万位是0,千万位上的0要读,万位上的0不读,万级的数读作零八百四十万,个级的千位、百位和十位上的0只读一个零,73┆0840┆0007 读作七十三亿零八百四十万零七,它由7个十亿、3个亿、8个百万、4个十万和7个一组成。

(2)写数时从高位写起，那个数位上一个计数单位也没有，就在哪个数位上写0占位。

六十亿八千万零三十写作:6080000030，它是由6个十亿、8个千万和3个十组成。

解答 (1)7308400007读作七十三亿零八百四十万零七，它是由7个十亿、3个亿、8个百万、4个十万和7个一组成。

(2)六十亿八千万零三十写作:6080000030，它是由6个十亿，8个千万和3个十组成。

例2 按要求完成下面各数的改写。

(1)495782　　6934987　　95437(省略万位后面的尾数)

(2)834758336　　957268364　　1963170612(省略亿位后面的尾数)

方法探究 省略尾数时，要按“四舍五入”法省略万位(亿位)后面的尾数，就看千位(千万位)上的数是否满5，如果满5就向万位(千万位)进一，然后舍掉个级(万级)的数，在数的末尾写“万”(“亿”)字，如果比5小，就把个级(万级)的数都舍去，然后在数的末尾写“万”(“亿”)字，省略尾数时也要先分级。

解答 (1) 49┆5782 ≈50万

693┆4987 ≈693万

9┆5437 ≈10万

(2) 8┆3475┆8336 ≈8亿

9┆5726┆8364 ≈10亿

19┆6317┆0612 ≈20亿

例3 “神舟”六号的飞行速度约是28440千米/时，大约每90分钟绕地球一圈，搭乘2名航天员。上面的数据哪些是准确数？哪些是近似数？

方法探究 近似数是日常生活中经常用到的数，它与准确数不同，准确数是与实际情况完全一样的数，近似数则是与实际情况相接近的数，常用“约”“大约”等字。

解答 2是准确数；28440和90是近似数。

例4 有一个三位数如果把数字5放在它的前面可以得到一个四位数，放在它的后面也可以得到一个四位数，这两个四位数相差2889，求原来的三位数。

方法探究 用abc表示原来的三位数，则两个四位数就分别是$5abc$和$abc5$，则有：

$$\begin{array}{r} 5\,a\,b\,c \\ -\,a\,b\,c\,5 \\ \hline 2\,8\,8\,9 \end{array} \quad \text{或} \quad \begin{array}{r} a\,b\,c\,5 \\ -\,5\,a\,b\,c \\ \hline 2\,8\,8\,9 \end{array}$$

由第1个算式可推得$c=4, b=3, a=2$，则原三位数是234；由第2个算式可推得$c=6, b=7, a=8$，则原来的三位数是876。

解答 原来的三位数是234或876。

精选习题练练看

考题天天练

一、填一填

1. 一万个十是(　　　)，一千个十是(　　　)。
2. 一个五位数的最高数位是(　　　)位。请写出一个你喜欢的五位数(　　　)。
3. 由二亿、八千万、四百万组成的数写作(　　　　)，改写成以

"万"为单位的数是(　　　　)万,省略亿位后面的尾数约是(　　　　)亿。

4. 30060005000 是一个(　　　　)位数,6 在(　　　　)位上,表示 6 个(　　　　),3 在(　　　　)位上,表示(　　　　)个(　　　　)。

二、在 ○ 里填上">""<"或"="

82006 ○ 82600　　　　900000000 ○ 9 亿

1234000000 ○ 1000002340

三、小法官断案

1. 从个位起,第八位是亿位。(　　)
2. 读 40025600 时,只读一个零。(　　)
3. 300041>30 万 (　　)
4. 一个七位数不一定比一个八位数小。(　　)
5. 两个计数单位之间的进率都是十。(　　)
6. 最小的六位数是 100000。(　　)
7. 四(4)班有 42 人,全校约有 900 人,其中 42 和 900 都是准确数。(　　)

四、对号入座

1. 下面数中只读一个零的数是(　　)。

A. 806600　　B. 84000230　　C. 3040702

2. 一个数的最高位是百万位,这个数是(　　)位数。

A. 7　　B. 8　　C. 9

3. 7214500>(　　)

A. 7124500　　B. 72145000　　C. 7215400

4. 493257000 中的"2"表示(　　)。

A. 2 个百万　　B. 2 个万　　C. 2 个十万

五、按要求完成下面各题

1. 读出下面各数。

(1)312400050　　读作：

(2)932009600000　读作：

(3)603500400　　读作：

2. 写出下面各数。

(1)四亿五千万零八十七

写作：

(2)三千零三亿零三百万零三百

写作：

(3)九亿零八十万零九十

写作：

六、用四个6和五个0组成九位数(写一个即可)

1. 一个零也读不出来的九位数。

2. 只读一个零且最大的九位数。

3. 读出3个零的九位数。

新题精练

一、用计算器计算下面各题

12×9−8=　　　　123×9−7=　　　　1234×9−6=

找出规律后，自己试着写出两道算式。

二、准确数20亿和近似数20亿，能比较大小吗？若能，谁大？谁小？

三、由1，2，3，4组成的四位数中，最大的数是多少？最小的数是多少？

第二节　乘法和除法

熟练掌握乘除法的计算方法，在计算时能灵活应用因数与积的关系、商的变化规律进行计算。

用乘、除法解决实际问题。

教材知识回顾

一、乘　法

1. 口算乘法：两位数乘一位数的口算，先把两位数分成几十和几，再分别乘一位数，最后把两次乘得的积加起来；几百几十乘一位数的口算，先按照两位数乘一位数的口算方法，用一位数先乘几百几十的前两位数，然后再在得数末尾添一个0。
2. 笔算乘法：三位数乘两位数的笔算，先用两位数个位上的数去乘三位数，得数的末位和两位数的个位对齐，再用两位数十位上的数去乘三位数，得数的末位和两位数的十位对齐，然后把两次乘得的数加起来。
3. 因数和积的变化规律：(1)一个因数不变，另一个因数乘(或除以)几(0除外)，积也同时乘(或除以)相同的数。(2)一个因数乘(或除以)几(0除外)，另一个因数除以(或乘)乘相同的数，它们的乘积不变。
4. 乘法的估算：乘法估算的关键在于如何对两个因数进行估算，一般采用"四舍五入"法取近似数。

二、除　法

1. 口算除法：整十数除整数或几百几十数的口算，可以想乘法算除法，也可以根据表内除法计算。

2. 除法估算：被除数或除数是接近整十数或几百几十的数，要用“四舍五入”法把它们看作是接近它们的整十数或几百几十的数来估算。

3. 除数是两位数的笔算除法的计算方法：(1)从被除数的高位除起，先用除数试除被除数的前两位，如果它比除数小，再试除前三位。(2)除到被除数的哪一位，就在那一位上面写商。

4. 商的变化规律：(1)在除法算式中，被除数不变，除数乘(或除以)几(0除外)，商就要除以(或乘)相同的数。(2)在除法算式中，除数不变，被除数乘(或除以)几(0除外)，商就乘(或除以)相同的数。(3)在除法算式中，被除数和除数同时乘(或除以)相同的数(0除外)，商不变。

5. 路程、速度和时间之间的关系：路程=速度×时间

速度=路程÷时间

时间=路程÷速度

典型例题精讲

例1 笔算 370×25。

方法探究 因为式中 370 末尾有 0，计算时，可以把 370 看做 37 个十，先算 37×25，再在积的末尾添一个 0。列竖式时一定要注意把 0 前面的数对齐。

解答 370×25=9250

$$\begin{array}{r} 370 \\ \times\ 25 \\ \hline 185 \\ 74 \\ \hline 9250 \end{array}$$

例2 用简便方法计算 172000÷300。

方法探究 观察算式发现，被除数和除数末尾都有 0，根据商不变的性质，可以给 172000 和 300 同时除以 100 商不变，但一定要在余数后面添上两个 0。

解答 172000÷300=573……100

```
        573
300)172000
     15
     ----
      22
      21
      ----
       10
        9
      ----
       100
```

提示 利用商不变规律计算有余数的除法时，一定要记住被除数末尾划去几个0，余数后面就要添上几个0。

例3 有一条宽8米的公路，占地面积是960平方米，为了行车方便，道路宽增加了16米，长不变。扩宽后这条道路的面积是多少？

方法探究 可以利用积的变化规律，由于长×宽=面积，长不变，当宽由8米，增加到16+8=24(米)时，宽便扩大到原来的(24÷8=3)倍，说明积也扩大到原来的3倍。

解答 (16+8)÷8=24÷8=3　960×3=2880(平方米)

答：扩宽后这条公路的面积是2880平方米。

提示 “增加到”和“增加了”的含义不一样，“增加到”是指由原来的数值达到现在的数值，而“增加了”是指在原数的基础上增加一定数量。

例4 张花读一本298页的故事书，每天读24页，计划从8月20日开始，直到9月1日开学，她能在开学前读完这本书吗？

方法探究 判断开学前是否能读完这本书，先算出298页故事书能读多少天，再与要求的天数作比较。读书的实际日期是从8月20日读到8月31日，因为9月1日这一天开学，不能读；也可以先算一算从8月20日读到8月31日(开学前一天)共读多少页，再与书的总页数作比较。

解答 方法一：298÷24=12(天)…10(页)　12+1=13(天)

13>12　所以开学前不能读完这本书。

方法二：31－20＋1＝12（天）　24×12＝288（页）　288<298

答：开学前不能读完这本书。

提示

求相同月份中的一段时间用尾日期－首日期＋1。

精选习题练练看

考题天天练

一、填一填

1. 80×42 表示（　　　）个（　　　）相加，还可以表示（　　　）的（　　　）倍。

2. 125×16 的积是（　　　），它的末尾有（　　　）个零；

   358×36 的积是（　　　）位数，它是（　　　）。

3. 学校买了 112 盒油画棒，每盒 16 元。计算总价的竖式如下：

	1	1	2
×		1	6
	□	□	□
□	□	□	
□	□	□	□

   先完成乘法竖式再填空。

   (1)买 12 盒油画棒要付（　　　）元。

   (2)买 100 盒油画棒要付（　　　）元。

   (3)买 232 盒油画棒要付（　　　）元。

4. 576÷22，把除数看作（　　　）来试商，商是（　　　）位数；

   108÷49，把除数看作（　　　）来试商，商是（　　　）位数。

5. 填表。

(1)行驶的速度不变。

行驶时间/小时	2		8	
行驶路程/千米	140	210		630

(2)工人的工作效率不变。

加工零件总数/个	84		189		525
工作时间/小时	4	6		21	

二、小法官断案(对的打"√",错的打"×")

1. 408÷68 的商是一位数。 (　　)
2. 甲数除以乙数的商是 15;如果给甲数和乙数都乘 3,那么商就变成 45 了。 (　　)
3. 1450÷120=145÷12=12……10 (　　)
4. 270 里面有 90 个 30。 (　　)
5. 270÷26,商是两位数。 (　　)
6. 两位数除三位数,商是两位数。 (　　)
7. 估算时,8□6×40≈3600,则□中可填 5,6,7,8,9。 (　　)

三、计算大本营

1. 口算下面各题。

95×20=　　30×107=　　109×20=　　350×20=

405×10=　　590×10=　　506×20=　　20×25=

2. 笔算下面各题。

385×42=　　502×21=　　256÷32=　　336÷28=

四、解决问题

1. 星期天王华一家去郊游，去时用了 3 小时，返回时用了 2 小时。去时的速度是 60 千米 /时。

(1)从王华家到郊游地有多远？

(2)返回时平均每小时行多少千米？

2. 东东看一本故事书，12 天看了 84 页，照这样计算，东东 23 天一共能看多少页？

3. 一堆西瓜有 370 个，每辆车运 42 个，能装满几辆车？还剩多少个西瓜？

新题精练

一、一桶油连桶重 300 千克，用去一半后，连桶还有 180 千克，油和桶各重多少千克？

二、一个果园要运 6000 千克苹果，已经运出 5100 千克，剩下的每筐装 36 千克，可以装多少筐？

三、甲乙两人的平均年龄是 43 岁，甲、乙、丙三人的平均年龄是 50 岁，丙的年龄是多少岁？

第三节　空间与图形

区分常见的角，会比较角的大小，理解垂直与平行，掌握平行四边形和梯形的特征。

量角、画角、画垂线与平行线。

教材知识回顾

一、角的认识及角的画法

1. 角是从一点引出的两条射线所组成的图形，点叫角的顶点，两条射线叫角的边角，角可以用符号“∠”来表示。例如：

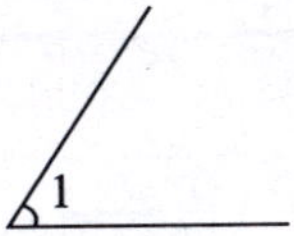

可以表示∠1，读作角1。

2. (1) 角的大小与组成角的两条边的长短无关，只与两条边叉开的大小有关。

(2) 角的计量单位是度，1度的角表示把半圆平均分成180份，其中的1份就是1度，记作1°。

(3) 量角器量角的方法。用量角器量角的时候，使量角器的中心和角的顶点重合，零刻度线和角的一条边重合，角的另一条边所对应的量角器上的刻度，就是这个角的度数。

(4) 角的分类及特征。

名称	周角	平角	钝角	直角	锐角
画法			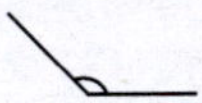		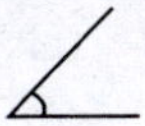
特征	等于360°	等于180°	大于90° 小于180°	等于90°	小于90°

周角、平角和直角的关系：一个周角＝两个平角＝四个直角

(5)角的画法：

①画一条射线，使量角器的中心点与射线的端点重合，0 刻度线与射线重合。

②在量角器上找给定的度数，在其刻度处点一个点，连接这个点与射线的端点，就构成了所要画的角。

二、平行四边形

1. 平行线概念：在同一平面内不相交的两条直线叫做平行线。

2. 垂直的概念：如果两条直线相交成直角，就说这两条直线互相垂直，其中一条直线叫做另一条直线的垂线，这两条直线的交点叫做垂足。（相交不一定垂直，垂直一定相交，垂直是相交的一个特例）

3. 垂线的画法。

(1)过直线外一点，画这条直线的垂线。

①将三角尺的一条直角边与所画直线重合。

②沿直线移动三角尺，使三角尺的另一条直角边与直边外一点重合或者说是经过直线外一点。

③沿三角尺的另一直角边画一条直线。

(2)画过直线上一点的垂线，同过直线外一点画这条直线的垂线的方法基本相同。

4. 平行线的画法。

(1)固定三角尺，沿一条直角边先画一条直线。

(2)用直尺紧靠三角尺的另一条直角边，固定直尺，然后平移三角尺。

(3)再沿第一步中的直角边画出另一条直线。

5. 平行四边形。

(1)定义：两组对边分别平行的四边形叫做平行四边形。

(2)特点：具有不稳定性。

6. 梯形。

(1)定义：只有一组对边平行的四边形叫做梯形。

(2)特殊的梯形。

等腰梯形:两腰相等的梯形叫做等腰梯形。

直角梯形:在一个梯形中,有一条腰与上、下两底垂直的梯形,叫做直角梯形。

三、四边形的分类

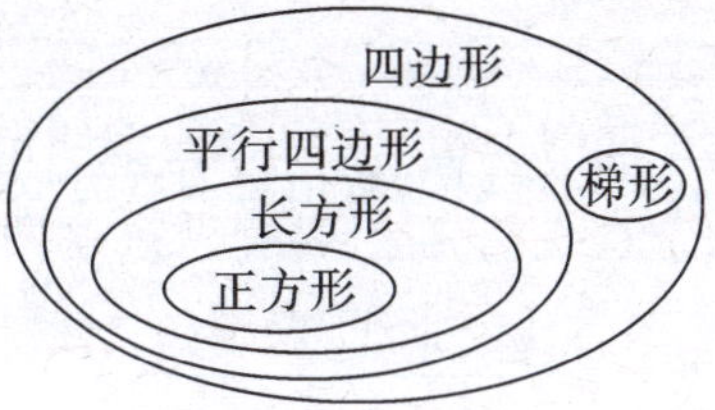

典型例题精讲

例1 不用量角器,你能求出下列图中∠1 的度数吗?

(1)
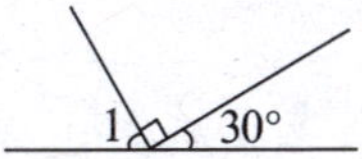

(2)
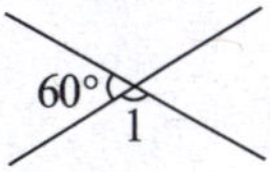

方法探究 要求∠1 的度数关键找准∠1 相邻的角的度数,(1)题观察发现∠1 相邻的角是直角,且∠1、直角和 30°的角共同组成了一个平角,即∠1+90°+30°=180°。根据这一关系便能求出∠1 的度数。(2)题∠1 和 60°的角组成一个平角,即∠1+60°=180°,根据这一关系便能求出∠1 的度数。

解答 (1)∠1=180°-90°-30°=60°

(2)∠1=180°-60°=120°

例2 画一个长为 4 cm、宽为 3 cm 的长方形。

方法探究 可利用垂线与平行线的画法画出长方形。

(1)画一条长 4 cm 的线段 *AB*。

(2)过 *A* 点作 *AB* 的垂线段 *AC*,使 *AC*=3 cm。

(3)过 *C* 点作 *AB* 的平行线段 *CD*,使 *CD*=4 cm。

(4)连接 DB,四边形 $ABDC$ 就是长为 4 cm,宽为 3 cm 的长方形。

解答

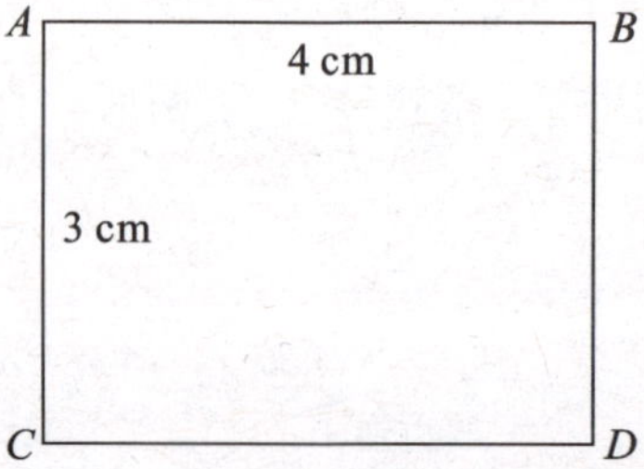

例3 在梯形里面画一条线段,按指定要求分成两个图形。

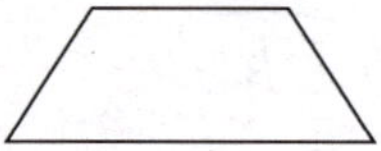

(1)两个梯形　　(2)两个三角形

方法探究 (1)因为梯形只要有一组对边平行,要使这个梯形变成两个梯形,就要使原梯形上下底的一部分成为新梯形的上、下底,或者添加的线段与原梯形的上下底都平行。

(2)三条边围成的图形是三角形,把梯形按对角线画线段,就将原梯形划分成两个三角形。

解答 (1)

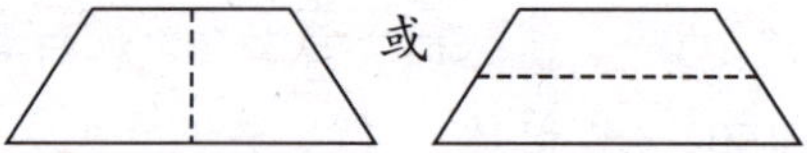

(答案不唯一)

(2)

例4 下面两个图中∠1 和∠2 是否相等。

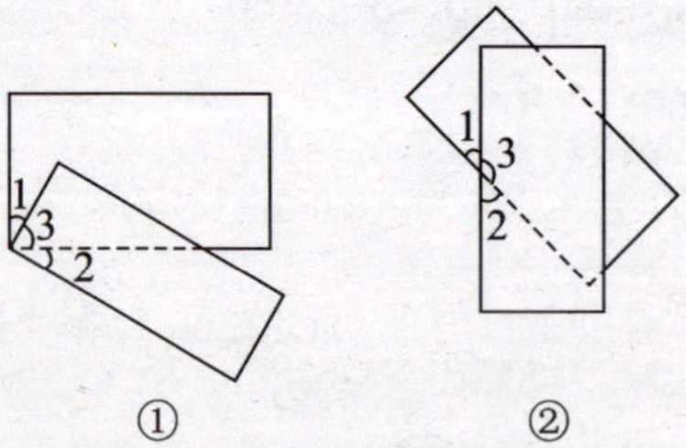

方法探究 从图①中可以看出该图形是由两个长方形叠加而成的图形,∠1 和∠3,∠2 和∠3 各组成一个直角。

$\angle 1+\angle 3=90^\circ$，$\angle 1=90^\circ-\angle 3$；

$\angle 2+\angle 3=90^\circ$，$\angle 2=90^\circ-\angle 3$。

由此可以知道$\angle 1=\angle 2$。

从②中可以看出：$\angle 1$和$\angle 3$，$\angle 2$和$\angle 3$各组成了一个平角。

$\angle 1+\angle 3=180^\circ$，$\angle 1=180^\circ-\angle 3$；

$\angle 2+\angle 3=180^\circ$，$\angle 2=180^\circ-\angle 3$；

由此可以知道$\angle 1=\angle 2$。

解答 $\angle 1$和$\angle 2$相等。

例5 用木棒去围一个平行四边形需要4根，围成两个平行四边形要7根，围成三个平行四边形需要10根（如下图），照这样围下去，围30个平行四边形要多少根木棒？

方法探究 由上图可发现多围一个平行四边形，就需要3增加根木棒，而现在要围30个平行四边形，即比一个平行四边形多了29个平行四边形，所以就要比原来多，29×3根木棒。加上一个平行四边形的木棒，就是所需木棒。

解答 $4+(30-1)\times 3=91$（根）

答：围30个平行四边形需要91根木棒。

精选习题练练看

考题天天练

一、按要求画一画

1.（1）用量角器画一个68°的角。

（2）用一副三角尺各画一个135°和75°的角。

2. 过直线外一点 A 画直线的垂线和平行线。

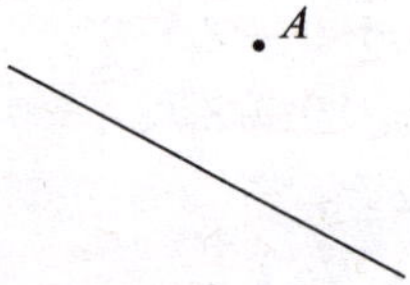

3. 画一个长 5 cm、宽 3 cm 的长方形。

4. 画出下列各图形给定底边上的高。

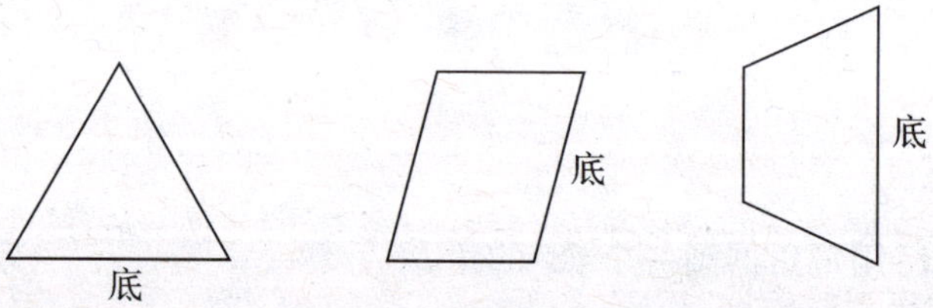

5. 在下面的梯形里画两条线段，把它分割成三个三角形。

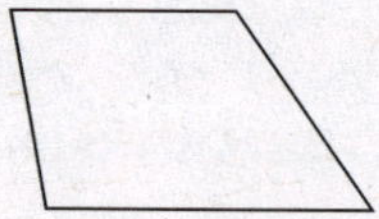

二、量一量，说一说

1. 量出下图中各角的度数，你发现了什么？

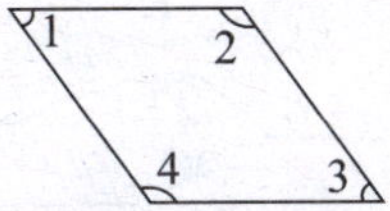

2. 量一量下面正方形的对角线及对角线所成的角，你能发现什么？

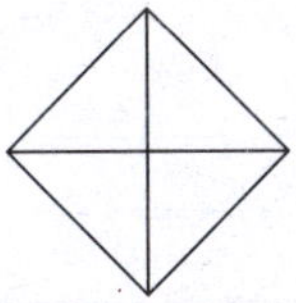

3. 先估计，再量出图中各角的度数。

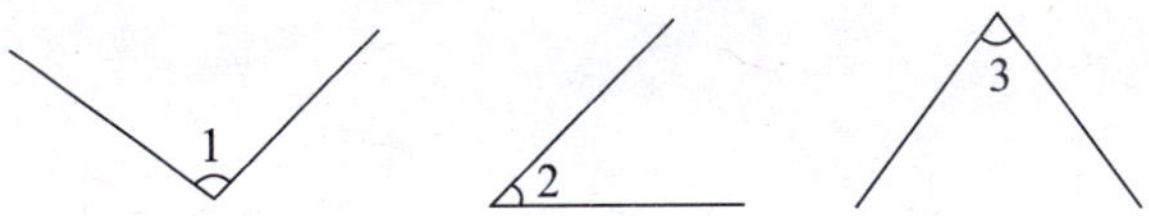

∠1 =　　　　∠2 =　　　　∠3 =

三、为了方便李村的村民乘车，要在公路上设一个车站，这个车站设在哪里距离李村最近？

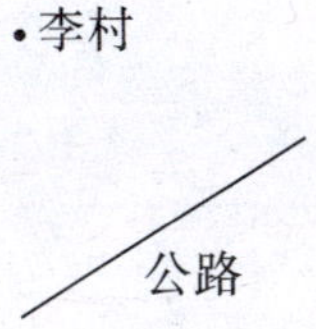

新题精练台

一、小猫要去小兔家做客。请问走那条路最近,为什么?

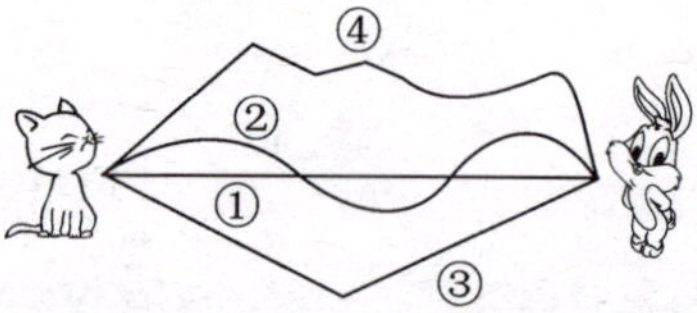

二、数一数下面图形中有几个平行四边形和梯形

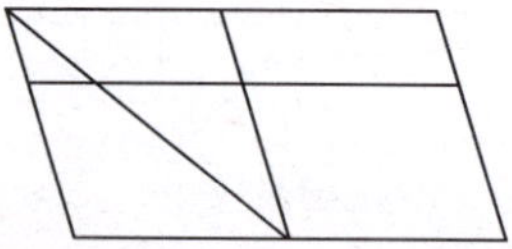

三、李奶奶在河边围了一块梯形菜地,菜地上底长 5 米,下底长 13 米,两腰各长 7 米,她用了 19 米长的篱笆。她是怎么围的呢?请画一画?(可以将小河边看作直线)

第四节　统　计

认识两种复式条形统计图，能根据统计图提出并回答简单的问题，能发现信息并进行简单的数据分析。

通过对现实生活中有关事例的调查，激发学生的学习兴趣，培养学生细心观察的良好学习习惯，培养合作意识和实践能力。

教材知识回顾

统　计

1. 条形统计图是用一个单位长度表示一定的数量。根据数量的多少画成长短不同的直条，然后把这些直条按一定的顺序排列起来。
2. 纵向（横向）复式条形统计图的绘制方法：(1) 确定图例，例如：用“□”和“■”表示两种不同的人物或事物。(2) 在横轴（纵轴）上确定每组数据相应的位置，在纵轴（横轴）上确定单位长度。(3) 根据数据大小画出长短不同的直条并标出数据。

典型例题精讲

例 下面是五年级3个班本学期获得卫生、广播操优胜红旗次数情况统计图。

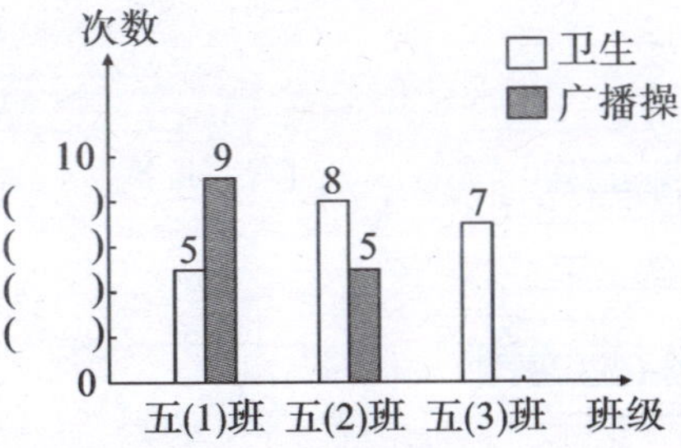

1. 在纵轴上标出每个长度表示的次数。

2. 五(3)班获得6次广播操优胜红旗,请在图上用直条表示出来。

3. 从图中可以看出(　　)班获得卫生优胜红旗的次数最多,(　　)班获得广播操优胜红旗的次数最多。

4. 把纵向复式条形统计图绘制成横向复式条形统计图。

方法探究 1. 在纵轴上有5个刻度,表示获奖次数是0~10,把10次五等分,所以其余4个刻度从下到上依次表示的数为2、4、6、8。

2. 先对准纵轴刻度6画一条与横轴平行的线段,线段一端从表示五(3)班的直条画起,宽度与其他直条相同,然后从线段另一端画一条垂直于横轴的垂线,涂上阴影。

3. 从图中可以看出五(2)班获得卫生优胜红旗的次数最多,五(1)班获得广播操优胜红旗的次数最多。

4. 将横轴和纵轴数据交换并将图形绘制在纵轴上。

解答 1. 纵轴上从下到上依次填2、4、6、8。

2. 五年级3个班本学期获得卫生、广播操红旗次数统计图如下。

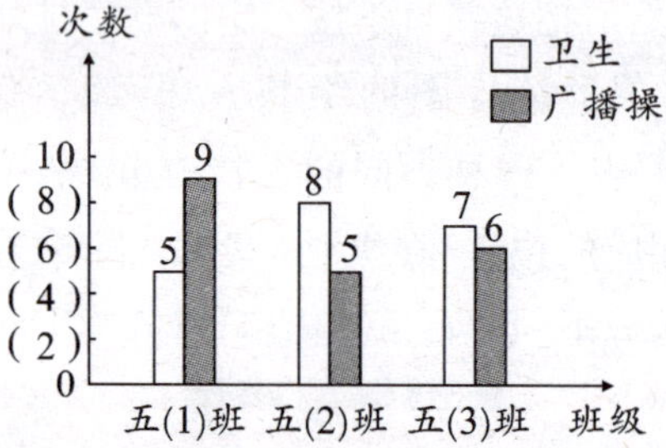

3. 五(2)　五(1)

4. 五年组3个班本学期获得卫生、广播操优胜红旗次数统计图如下。

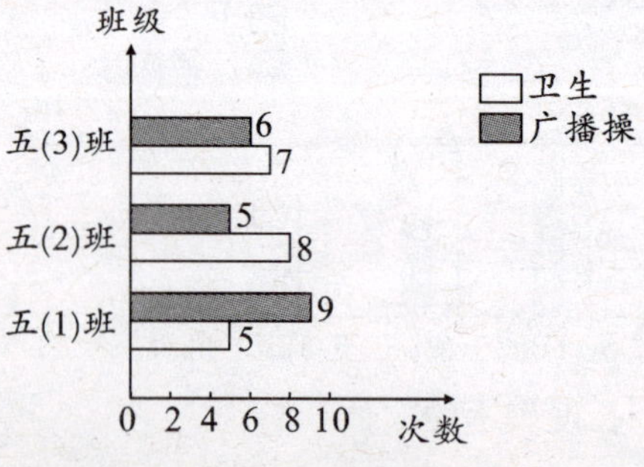

精选习题练练看

考题天天练 一、看图回答问题

1. 某小学三至六年级男女生人数统计图

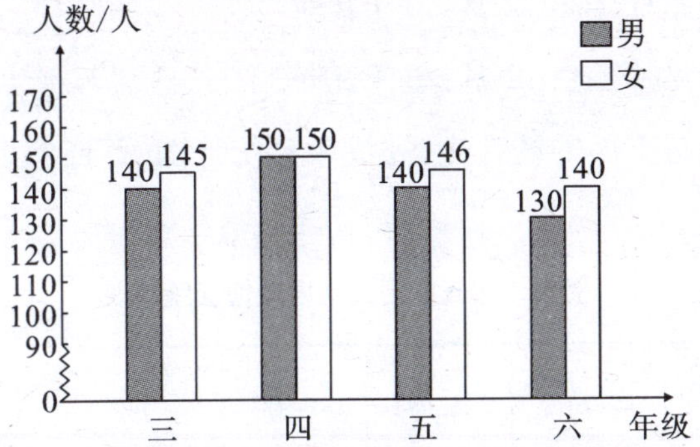

(1)(　　)年级男生最多,(　　)年级男生最少。

(2)(　　)年级男女相差最多,(　　)年级男女生相差最少。

(3)这个学校三至六年级共有男生(　　)人,女生(　　)人。

(4)这个学校三至六年级的男生人数比女生人数少(　　)人。

2. 甲、乙两修路队四天修路情况统计图

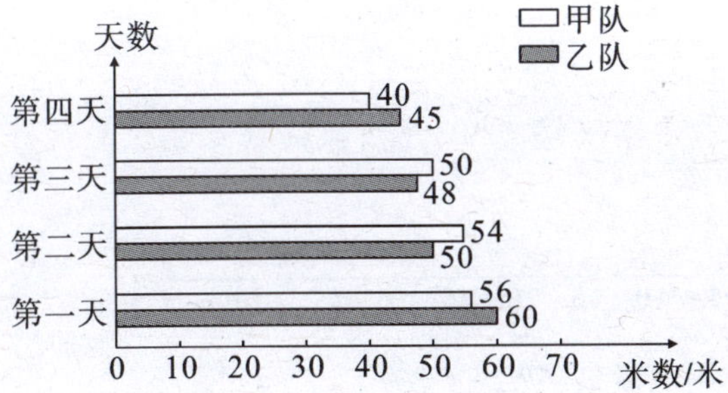

(1)甲队在第(　　)天修的最长,乙队在(　　)天修的最短。

(2)甲、乙两队在第(　　)天修的路之和最长,在第(　　)天修的路之和最短。

(3)甲队四天一共修了(　　)米。

(4)两队修的路相差最少的是第(　　)天。

二、健美小区五号楼第二层三户居民1月、2月用电量情况如下。

李丹　1月:14千瓦时　　2月:12千瓦时

辛雨　1月:25千瓦时　　2月:30千瓦时

王欣　1月:18千瓦时　　2月:20千瓦时

根据以上数据,填写下面的统计表,完成条形统计图,并回答下面的问题。

健美小区五号楼第二层三户居民用电量情况统计表

用电量/千瓦时　户名　月份	李丹	辛雨	王欣
1月			
2月			

健美小区五号楼第二层三户居民用电量情况统计图

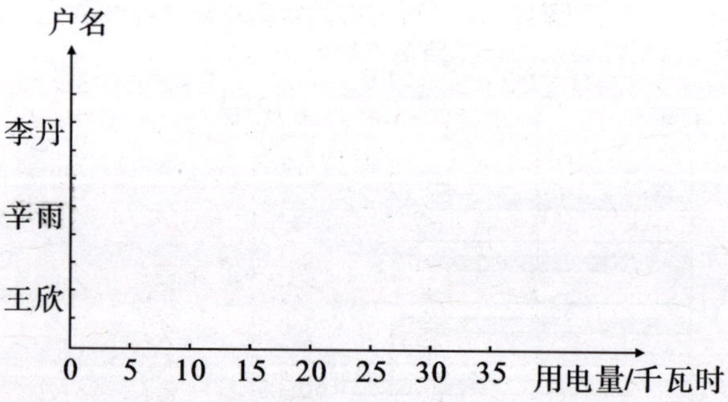

1.哪家这两个月的用电量最多?

2. 算一算，哪个月的三户用电量之和比较多？

3. 你还能提出什么数学问题？

新题精练

一、六(1)班的一次数学测验，全班都达到及格线以上，具体统计如下图。

某校六(1)班一次数学测验情况统计图

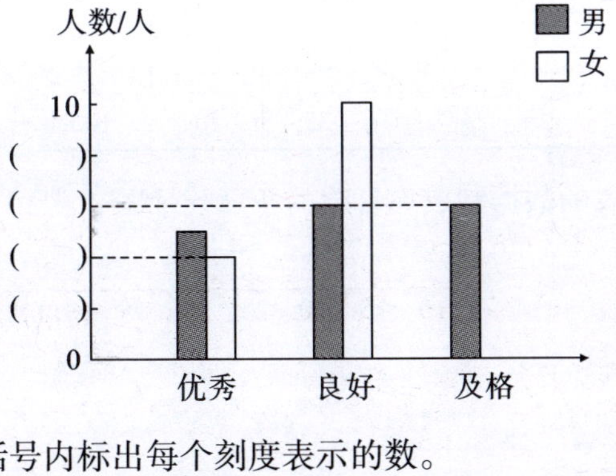

1. 请在纵轴括号内标出每个刻度表示的数。

2. 已知在及格段的女生人数和优秀段的男生人数都是 5 人，请在图上表示出来，将条形统计图补充完整。

二、育苗小学的校医王医生对同学体重的超重情况进行了连续四年的调查，情况如下图。

育苗小学学生体重连续四年的调查统计图

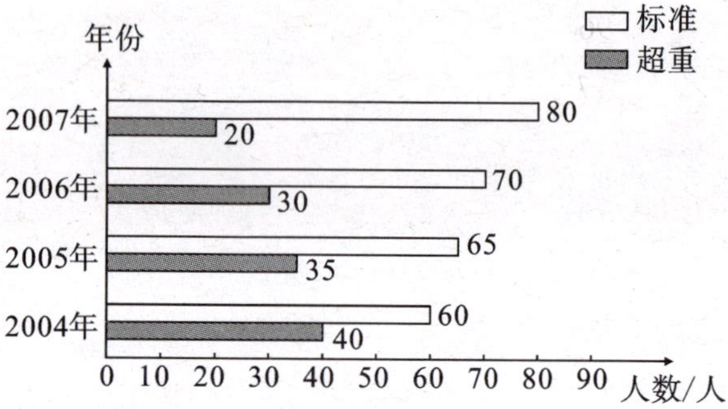

1. 王医生每年调查的学生有多少名？

2. 学生体重的发展趋势是怎样的？对此你有什么想法？

三、某超市1、2月份糖果销售情况如下表。

品种 数量/千克 月份	奶糖	巧克力糖	水果糖	什锦糖
1月	50	40	60	80
2月	80	25	70	100

请你把上表的数据制成你喜欢的条形统计图。

第八单元测试

一、直接写出得数

60×80 =　　960÷80 =　　180×30 =　　720÷60 =

750÷50 =　　17×50 =　　450÷90 =　　36×20 =

二、填一填

1. 4265480000 读作(　　　　　　　　)，写成用“万”作单位的数是(　　　　　)，省略亿后面的尾数约是(　　　　　)。
2. 754÷25 的商是(　　)位数，748÷82 的商是(　　)位数。
3. 一个角是 89 度，它是(　　)度，一个平角等于(　　)个直角，一个周角等于(　　)平角。
4. 长方形是特殊的(　　　　　)。
5. 梯形可以画(　　)条高，平行四边形有(　　)条高。
6. 由六个千万、五十万和四个千组成的数写作(　　　　　　)，约是(　　　)万。
7. 在 ○ 里填上“<”“>”或“=”。

785436 ○ 785426　　100 个十万 ○ 10000000

99999 ○ 100000

8. 已知 14×18 = 252，140×180 = (　　　)。

三、画一画

1. 过 *A* 点作直线的平行线。

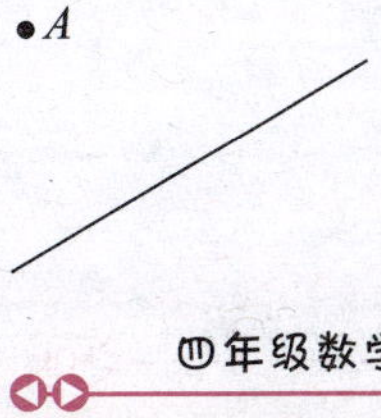

2. 画一个长 4 厘米、宽 2 厘米的长方形。

3. 画出下面图形的高。

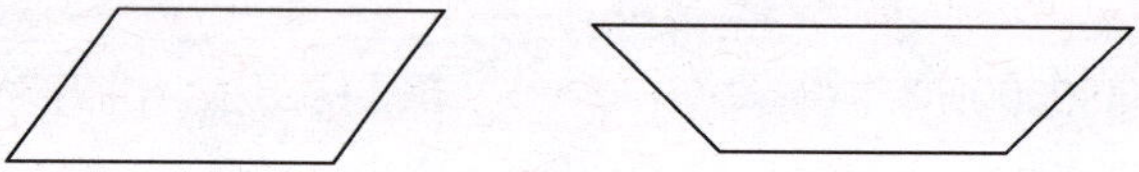

4. 分别画出一个 65 度和 165 度的角。

四、用竖式计算下面各题

140×45 =　　　　485÷64 =　　　　208×35 =

782÷78 =　　　　720÷60 =　　　　288×25 =

五、估算

$600 \div 51 \approx$　　$151 \div 30 \approx$　　$642 \div 80 \approx$

$402 \times 19 \approx$　　$58 \times 38 \approx$　　$240 \div 31 \approx$

六、解决问题

1. 一辆汽车每分钟行驶800米，这辆汽车每小时行驶多少千米？要行驶288千米，需要多少小时？

2. 王东每步大约是60厘米，他从家到学校走了120步。他家离学校有多少米？

3. 食品厂运出4车面粉，每车装108袋，每袋面粉重25千克，一共运出面粉多少千克？

4. 小军 5 天看完了 224 页的故事书，其中有四天每天都是看 48 页，剩下的看了多少页？

5. 一个小组 26 天做了 190 个花篮，比原计划少做了 18 个，原计划每天做多少个？

6. 蜂农原有 8 箱蜜蜂，一年可以酿蜂蜜 624 千克。今年又增了 4 箱蜜蜂，如果今年每箱蜜蜂酿蜂蜜和去年一样，今年一共可以酿蜂蜜多少千克？

期末测试

（时间:90 分钟　满分:100 分）

一、想一想,填一填(26 分)

1. 一个数有 3 个亿、6 个百万、7 个百和 3 个一组成,这个数写作（　　　　　　），它是（　　　）位数,最高位是（　　　）位。

2. 和“万”相邻的两个计数单位是（　　　）和（　　　）。

3. 写出下面各数的近似数。

（1）省略千万位后面的尾数。

66746003 ≈（　　　　　）　　35482954 ≈（　　　　　）

（2）省略亿位后面的尾数。

3708500000 ≈（　　　　　）　　9964000000 ≈（　　　　　）

4. 有一个九位数,减去 1 就变成八位数,这个九位数是（　　　　　）。

5. 只有一组对边平行的四边形是（　　　　）。

6. 蜜蜂飞行的速度每分钟可达 140 米,又可以写成（　　　　　）。

7. 在 ○ 里填上“>”“<”或“=”。

527023 ○ 4969200　　160000000 ○ 16 亿

280÷12 ○ 280÷15　　150×2 ○ 15×20

8. 在算式 712÷42 中,除数可以看成（　　　）来试商,它的商是（　　　）位数。

9. 如图,已知∠1 = 55°,∠2 =（　　　），∠3 =（　　　），∠4 =（　　　）。

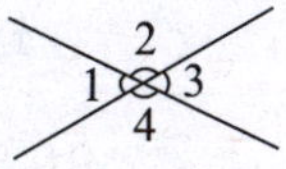

10. 从一点引出两条（　　　）所组成的图形叫做角。

11. 一个数除以 73 商是 6，有余数。余数最大是(　　)，余数最大时被除数是(　　)。

12. 甲数是乙数的 23 倍，甲数除以乙数的商是(　　)；如果甲数扩大到它的 5 倍，要使商不变，乙数应当(　　　　)。

二、火眼金睛(对的打“√”，错的打“×”)(5 分)

1. 长方形和正方形是特殊的平行四边形。　(　　)

2. 两个锐角的和一定比直角大。　(　　)

3. 一个三位数除以两位数，商可能是一位数，也可能是两位数。　(　　)

4. 估算 3198÷39 的结果约是 100。　(　　)

5. 直线的长度是射线的两倍。　(　　)

三、对号入座(8 分)

1. 9100÷13 的被除数不变，给除数乘 10，商是(　　)。

A. 700　　B. 70　　C. 7000

2. 12 □ 780≈12 万，方框里最大可以填(　　)。

A. 4　　B. 2　　C. 0

3. 340×23 的积是(　　)位数。

A. 三　　B. 五　　C. 四

4. 一个数÷(　　)= 6……29，括号里最小可以填(　　)。

A. 29　　B. 30　　C. 31

四、计算我能行(22 分)

1. 直接写出得数。(8 分)

7×10 =	360×2 =	480÷60 =	78÷13 =
35×2 =	8×12 =	560÷80 =	480÷40 =

2. 估算。(4 分)

602×39≈　　398÷21≈　　478÷81≈　　396×4≈

3. 用竖式计算。(验算最后一道题)(10 分)

780×35=　　404×58=　　310×80=

695÷32=　　918÷51=　　验算:

五、我会作图(6 分)

1. 过右边 A 点,画出已知直线的垂线。

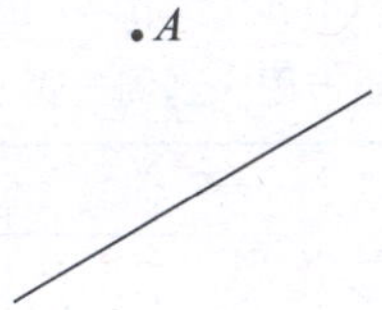

2. 画出下面图形指定底的高。

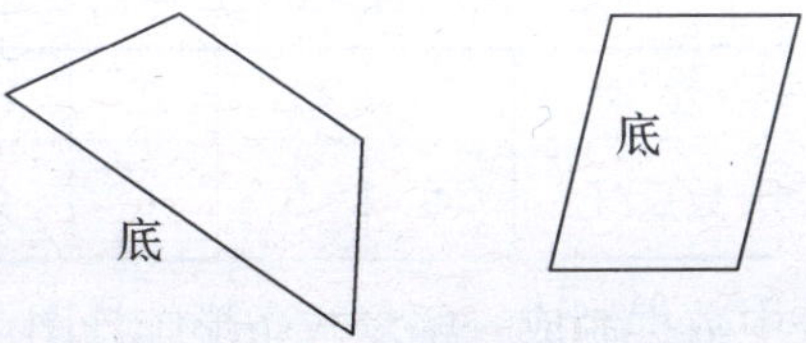

3. 请用量角器画出一个 80°的角,用三角尺画一个 105°的角。

六、小小统计员(11 分)

1. 下面是某工厂 1 ~4 月份生产机器台数的统计图,请你看图填空。(6 分)

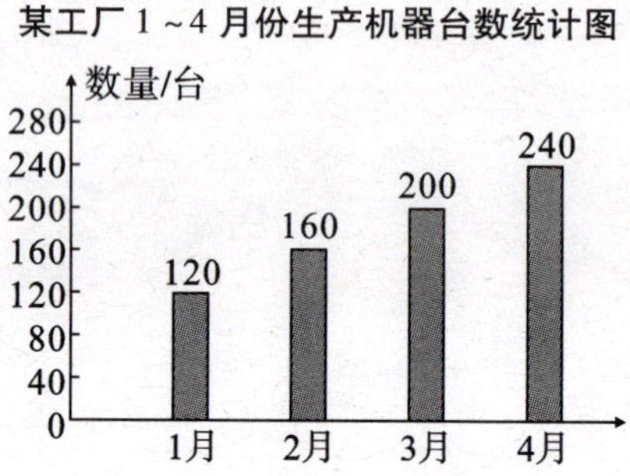

(1)图中每格代表(　　)台机器,4 个月共生产(　　)台机器。

(2)(　　)月份生产的台数最多,是(　　)台。

(3)(　　)月份生产的台数最少,是(　　)台。

2. 下面是乐乐超市周一到周五卖出彩电和冰箱的数量统计表。(5 分)

乐乐超市周一到周五卖出彩电数量统计表

星期	一	二	三	四	五
数量/台	2	4	7	4	8

乐乐超市周一到周五卖出冰箱数量统计表

星期	一	二	三	四	五
数量/台	4	3	6	9	8

根据统计表中数据制成一幅复式条形统计图。

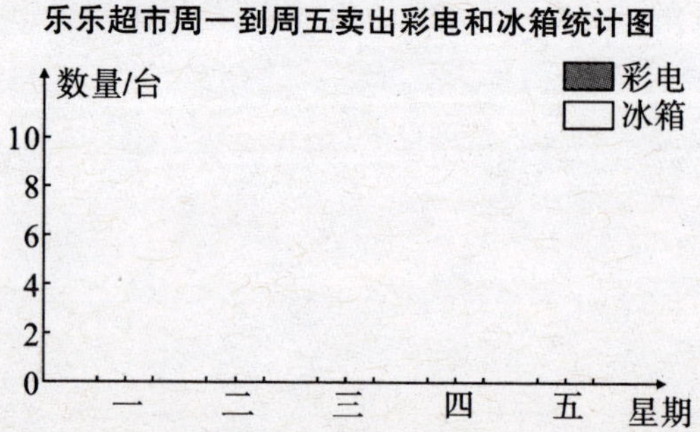

七、解决问题(22 分)

1. 小朱每天早上跑步 25 分钟,他的速度是 148 米/分,小朱每天早上大约跑多少米?(4 分)

2. 某养鸡场一天收 260 千克鸡蛋,每 38 千克鸡蛋装一箱,可以装多少箱?还剩多少千克?(4 分)

3. 一辆客车 4 小时行驶了 240 千米,照这样的速度,22 小时可以行驶多少千米?(4 分)

4. 王伯伯带了 900 元买化肥，买了 18 袋化肥，还剩 360 元，每袋化肥多少元？(5 分)

5. 一副乒乓球拍 21 元，买 5 送 2 副，一次买 5 副，每副便宜几元？(5 分)

附加题(10 分)

有 5 盒茶叶，如果从每盒中取出 200 克，那么 5 盒中剩下的茶叶正好和原来 4 盒茶叶的质量相等，原来每盒有茶叶多少克？

参考答案

第一单元 大数的认识

第一节 亿以内数的计数单位、数级、数位和读写方法

考题天天练

【P_7】一、1. 3 7 百万 万 2. 10 10 10 3. 8 万 个 千万 9个千万 十 9个十 千 0个千 4. 千万位 千万 5. 万 2个一万 百万 2个一百万 6. 3 4 5 7 8 2 4 3

【P_8】二、四十七万八千五百三十

六百七十万八千三百

一百零三万五千五百零四

二千零四万五千零三

三百万零七百零八

三、125000 53000000 10080600 7003000 87000004

四、1. 60806000 2. 30040200 3. 6000006

【P_9】五、自己连一连

新题精练台

一、(答案不唯一)

1. 11010100 2. 11011000 3. 11110000 4. 10100101

二、937846542 293784654

三、80626

第二节 亿以内数的大小比较、改写及求近似数

考题天天练

【P_{16}】一、1. 999999 1000000 100万

2. < > = 3. (1) 400400 > 50400 > 40400 > 4400

(2) 50241 < 205014 < 500214 < 502410 < 520041

【P_{17}】二、6 2045 10300

三、1. 375万 9万 79万 100万 2. 4 9 9 4

新题精练台

一、164999 155000

164999 - 155000 = 9999

二、1004321 自己说说原因

三、5 ~ 9之间任意一个数字

0 ~ 4之间任意一个数字

第三节 数的产生、十进制计数法和亿以上数的认识

考题练练看

【P_{22}】一、1. 万 万 十亿 十亿 2. 亿 3个亿 个 3个一 十万

0 个十万

3.9999999999　100　10000000

1000　4.708305　71 万

5.八亿零三十万六千七百二十

80031 万

6.90302000

九千零三十万二千　1 亿

【P_{23}】二、8346　9990　1　10

三、43　540　143　40

四、67895200<78956200<78965200<

87965200

五、876540000　400005678

约 9 亿　约 4 亿

新题精练台

【P_{24}】一、10 个　100 个

二、1.　7050030900　10　七十亿五千零三万零九百

2.　70500030900≈71 亿

三、234

第四节　计算工具的认识及用计算器计算

考题练练看

【P_{29}】一、1.清除　开关及清屏

清除功能　CE 仅消去当前显示的数据,不影响运算,ON/C 清除所有数据重新运算。

2.CE　3.运算符号

二、820　187　17　1862　1591

877　67

三、62　37　254

【P_{30}】四、2222222202　3333333303

4444444404

新题精练台

一、1111122222

二、原被除数是:346735　正确的商是:69347

三、2　7　1　8　3　6

四、5845700　251116　272　4821

318　5643

第一单元测试

【P_{33}】一、1　万　九　千　十万

2.一千万　一百万　10

3.8　7　5　9　3　0　4　2　7

4.99999999　100000000　九

5.十亿　十亿　6.99099909

1 亿　11011101　1101 万

二、38008　20000003　3000000700

一百二十亿零三十万零七百

六亿零三百四十万零四

二千零八十万三千零七十

三、=　<　>　<　<　>

【P_{34}】四、2050　8　36　90

五、3　45　21　14

六、1.　88080(答案不唯一)

2.　80808　3.　88800

七、5~9　0~4　0~4　5~9

八、654321　123456

九、9801　998001　99980001

9999800001

第二单元　角的度量

第一节　直线、射线和角

考题天天题

【P_{42}】一、1. ④ 直线没有端点

2. ③ 线段有两个端点

3. ② 射线只有一个端点

二、1. ×　2. √　3. √　4. ×　5. √

【P_{43}】三、1. 无数　2. 无数　3. 一

四、自己画一画

五、∠1 读作角 1　∠A 读作角 A

∠AOB 读作角 AOB

新题精练台

一、15 条

【P_{44}】二、1. 6　2. 10　3. 9

三、1. 6　2. 15　3. 16

第二节　角的度量

考题天天练

【P_{48}】一、1. 量角器　度　30°

2. 角两边长短　角两边叉开的大小　3. 30

【P_{49}】二、自己量一量

三、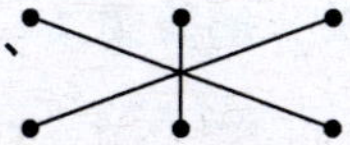

四、自己量一量

五、第一种：通过量角度比较大小

第二种：通过两角的叠加来比较大小

新题精练台

一、45°　角的大小与角两边的长短无关

【P_{50}】二、自己量一量，说一说

三、自己标一标

四、1. 90　2. 150　3. 120

第三节　角的分类与画角

考题天天练

【P_{56}】一、直角：90°

锐角：18°　1°　67°

钝角：139°　115°　145°　95°

二、1. ×　2. √　3. ×

三、1. A　2. B

四、自己画一画

五、1. 45°　2. 135°

3. ∠2 = 45°　∠3 = 135°

∠4 = 45°

新题精练台

【P_{57}】一、5　10　2　2

二、∠2 = 70°　**提示**：自己动手做一下，将被折长方形展开会发现 2∠2 + ∠1 = 180°，故可以得到 ∠2 = 70°

三、图中共有 6 个锐角，∠1，∠2，∠3，∠1 + ∠2，∠2 + ∠3，∠1 + ∠2 + ∠3。因为 ∠1 = ∠2 = ∠3，

所以就有∠1+∠2+∠3+(∠1+∠2)+(∠2+∠3)+(∠1+∠2+∠3)=180°,所以10∠1=180°,则∠1=18°,∠1=∠2=∠3=18°

∠AOB=∠1+∠2+∠3=18°×3=54°

第二单元测试

【P58】一、1.度数 2.射线 顶点 射线

3. 35° 55° 4. 3 6 12

5.3或9 6 6.15 7.20°

二、1.C 2.A 3.D 4.A

三、自己画一画

【P59】四、1.自己量一量,再填空 2. 3 5 2 1 3.直角:②⑤

钝角:③④ 锐角:①⑥

平角:⑦ 周角:⑧

【P60】五、1.55° 2.30°

3. ∠4=∠2=180°-30°=150°

∠1=∠3=30°

4. ∠2=50° ∠5=50°

∠4=40°

第三单元 三位数乘两位数

第一节 口算乘法

考题天天练

【P66】一、51 80 840 36 96 78

920 840 930 90 91 2000

340 800 480 900

二、按顺时针依次填:1200 720

480 120 96 48 24

三、= < < = < >

【P67】四、11×5=55 15×5=75

130×5=450

五、1.16×50=800(千米)

2.120×8=960(元)

1000>960

买8个篮球 够

3.36×2=72(元)

72÷3=24(元)

36-24=12(元)

新题精练台

【P68】一、870 1500

二、42÷(6+1)=6

6×6=36(盒)

36×3=108(元)

三、(750+740+730+770+760)÷5×30

=3750÷5×30

=750×30

=22500(个)

四、[2][8]0×3=[8][4]0

第二节 笔算乘法

考题天天练

【P75】一、310 31000 1900 512 11200

4480 1100 9300 3250 15

4000　0

二、1. ×　2. √　3. √

三、1. 5　18410　2. 432×5

432×20　10800　3. 7 米/时

4. 8 千米/秒

四、×

```
   2 1 7
 ×   1 3
 -------
   6 5 1
 2 1 7
 -------
 2 8 2 1
```

×

```
   1 6 2
 ×   1 4
 -------
   6 4 8
 1 6 2
 -------
 2 2 6 8
```

【P_{76}】五、=　>　<　>

六、24776　40770　26230　15000

七、1. 36×2=900(名)

2. 182×18+260=3276+260

=3536(本)

3. 32×132=4224(元)

4500>4224　够

4. (1)300÷6=50(千米/时)

(2)300÷(6−1)= 60 (千米/时)

新题精练台

【P_{77}】一、8686　3939　7474

【P_{78}】二、931×75=69825

三、(221−1)×5=1100(米)

四、

```
     1 2 6
 ×     1 9
 ---------
   1 1 3 4
   1 2 6
 ---------
   2 3 9 4
```

第三节　积的变化规律及乘法估算

考题天天练

【P_{83}】一、1. 340　6800

2. 除以 100

3. 不变

4. 100　3000　10000　1300

【P_{84}】二、自己估一估

三、96　240　96　150　225　300

四、1. 0 ~ 4　2. 5 ~ 9　3. 5 ~ 9

五、1. (435 ÷ 3) × 15 = 145 × 15 = 2175(米)

2. 35×18≈700(千克)

3. 四(1)班:48×11≈550(棵)

四(2)班:48×19≈1000(棵)

新题精练台

【P_{85}】一、2　2　2

二、38×22≈800(排)

800×32=25600(座)

三、□=24　○=12

第三单元测试

【P_{86}】一、3200　2400　4000　1000　840　138　162　340

二、1. 900　600　1200

2. 自己估一估　3. 2400　800

4. 三　5. 四　五　6. 1100

7. 320　8. 270　540

三、9234　18972　27000　4590　8680　8720　自己验算

【P_{87}】四、自己估一估

五、× 6084 × 9776 ×

4250

六、1. 15×4=60(元) 60÷5=

12(元)

15−12=3(元)

2. 150÷6=25(元)

25×30=750(元)

3. 36×5=180(千米)

180÷4=45(千米/时)

4. 108+298+312=718(元)

718×3=2154(元)

2154<2500 够

【P_{88}】七、1. 250×5=1250

2. 350×5=1750

第四单元 平行四边形和梯形

第一节 垂直与平行

考题天天练

【P_{96}】一、1. 平行 相交 2. 互相垂直

垂足 3. 一 4. 平行 5. 无数

二、1. C 2. C

三、1. *AD* 平行于 *BE* *AB* 平行于 *CF*

BE 垂直于 *CF* *BE* 垂直于 *AB*

AD 垂直于 *AB* *AD* 垂直于 *CF*

2. *CF* 垂直于 *FG* *DG* 垂直于 *FG*

CF 垂直于 *BE* *DG* 垂直于 *BE*

BE 平行于 *FG* *CF* 平行于 *DG*

【P_{97}】四、自己画一画

新题精练台

一、1. 6 2. 3

二、自己画一画

三、过超超家向水管所在的直线作垂线

第二节 平行四边形和梯形

考题天天练

【P_{104}】一、1. 四 2. 平行四边形 3. 等腰梯形 4. 不稳定性 5. 三角形梯形

二、1. × 2. × 3. √ 4. √ 5. √

【P_{105}】三、1. C 2. B

四、自己画一画

五、1. 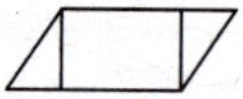 方法不唯一

2. 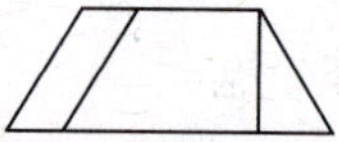 方法不唯一

新题精练台

【P_{106}】一、⑥ ② ⑦

二、自己数一数

三、自己画一画

四、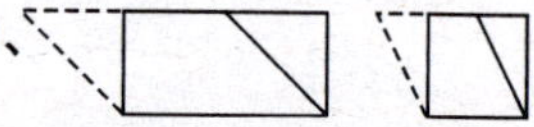

第四单元测试

【P_{107}】一、1. 长方形 正方形 2. 一

3. 互相平行 4. 23

5. 平行四边形

二、1. A 2. C 3. A 4. B 5. B A

【P_{108}】三、自己画一画

【P_{109}】四、1. T 2. E H F

五、1. 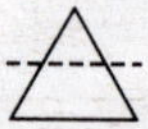 2. 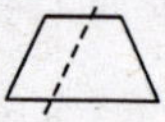

(答案不唯一)

六、自己数一数

七、过 A 作河的垂线

期中测试

【P_{110}】一、1. 三千五百万　560000000000

2. 10　3. 4　9　4. 800　50

40000　5. 120 千米/时

6. 78　7. 无数　一　8. 30

150　9. 垂直　平行　10. 一

一　11. 45°　12. 30°　60°

13. 相等

【P_{111}】二、1. B　2. C　3. B　4. D　5. C

6. B

三、1. 700　2000　800　10000

5600　6000

2. 自己估一估

3. 自己列竖式　33300　9126

（自己验算）　4047

【P_{112}】四、1. 自己画一画

2. 自己量一量

3. 60°　90°　150°

4. 自己画一画

5. 自己画一画

【P_{113}】五、1. 105×90＝9450（分钟）

2. 420÷7＝60（米）

60×28＝1680（平方米）

3. 25+16＝41（元）

41×122＝5002（元）

5002>4500　不够

附加题：

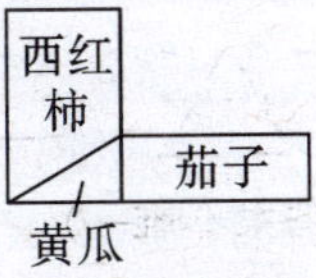

（答案不唯一）

第五单元　除数是两位数的除法

第一节　口算除法

考题天天练

【P_{118}】一、1. 3　3　3　3　2. 40　40　4

4　3. 320　32　4　4

二、8　8；8　8；7　7

三、=　<　=　>　>　>　=　>

【P_{119}】四、1. 240÷40＝6（辆）

2. 480÷60＝8（个）

3. 210÷70＝3（小时）

新题精练台

【P_{120}】一、6　0　3　3（答案不唯一）

二、280÷4＝70（棵）

70+1＝71（棵）

三、720÷（8+1）＝720÷9＝80

第二节　笔算除法

考题天天练

【P_{129}】一、1. 两　三　2. 30　2　64　1

3. 80　4　312　31

二、4　8　9　8　8　7

三、√　√

×
```
       5
70)3 7 0
   3 5 0
   -----
     2 0
```

×
```
       5
50)2 8 0
   2 5 0
   -----
     3 0
```

【P_{130}】四、自己验算 4……14　6……4

5……9

五、1. 330÷22=15(平方米)

2. 750−420=330(米)

330÷55=6(天)

3. 324÷36=9(人)

4. 130÷29=4(本)……14(元)

5. 483÷7=69(千米)

621÷69=9

新题精练台

【P_{131}】一、268　70

二、5　7　6　7

三、
```
      16             109
 12)192        92)10028
    12             92
    ---           -----
     72             828
     72             828
    ---           -----
      0               0
```

第三节　商的变化规律

考题天天练

【P_{136}】一、9　12　4　5　21　2　8　12

12

二、1. 112　84　2. 34　34　3. 24

24　360　240　240　2400

4. 20　80

【P_{137}】三、自己列竖式 9　4　6……28

38　17　25

四、1. 391÷17=23(次)

2. (1)770÷55=14(个)

(2)285÷3=95(元)

(3)95×27=2565(元)

3. (1)980÷70=14(小时)

(2)975÷15=65(千米/时)

(3)60×12=720(千米)

780−720=60(千米)

60÷60=1(小时)

不能,还需要 1 小时

新题精练台

【P_{138}】一、1. 商扩大到它的 2 倍

2. 除数除以 2

【P_{139}】二、12　15　18　777　888

三、444444444　45　63

888888888　72

四、4

第五单元测试

【P_{140}】一、1. 两　一　2. 7　5　3. 9　9

900　4. 20　十　5. 12　6. 10

7. 也扩大到它的 20 倍　8. 12

9. 456

二、1. √　2. ×　3. ×　4. √　5. ×

【P_{141}】三、1. 18　3　8　32　4　4　7　5

2. 12　4　17……15　7

33……21　12　6　23　82

四、>　<　<　=

五、1. 2　7　3　2. 3　4　4

【P_{142}】六、1. 320÷34=9(棵)……14(棵)

2. 28×14=450(页)

18−3=15(页)

450÷15=30(页)

3. 453+197=672(本)

669÷50=13(箱)

4. 甲品牌:864÷24=36(元)

乙品牌:684÷18=38(元)

36<38　甲品牌皮鞋便宜些

第六单元　统　计

统　计

考题天天练

【P_{150}】一、1. 单式条形统计图　复式条形统计图　2. 多少　3. 图例　4. 相等

二、1. 男生16人,女生15人　2. 4人

【P_{151}】三、自己完成统计表

新题精练台

一、1. 2　2. 18　3. 5　4. 46

【P_{152}】二、1. 自己完成统计图

2. 第四车间　第一车间

3. 第四车间　第二车间

【P_{153}】三、给李林5张,王红10张

四、自己完成

第六单元测试

【P_{156}】一、1. 单位长度　直条　顺序

2. 直观具体　一目了然

二、1. B　2. A

三、自己完成统计图

【P_{157}】四、1. 六(1)班参加的人数最多

六(2)班参加的人数最少

2. 113人　女生:36人　男生:77人　3. 3棵

五、1. 自己补充完整统计图

(1)五　三

(2)自己提出问题并解答

2. 自己完成统计图

(1)20　(2)2009　(3)2008

(4)2009　2006

(5)自己说一说

【P_{159}】六、自己完成统计表和统计图

1. 乒乓球组　手工组

2. 模型组　模型组　3. 105人

【P_{160}】七、90分　自己完成统计图

第七单元　数学广角

数学广角

考题天天练

【P_{166}】一、22分钟后就可以沏茶;先洗水壶接水,再烧开水,烧水的同时洗茶壶、洗茶杯

二、做其他事的时候听广播才能少用时间,最少需要46分钟

三、总时间最少为33分钟

新题精练台

【P_{167}】一、要后取,每轮取的火柴棍的总和是3

二、①号是第三名;②号是第四名;③号是第二名;④号是第一名

三、7次

第七单元测试

【P_{168}】一、1. C 2. C 3. B

二、1. 高健 王明 蒋军

2. 和面→等面发酵→包包子

↓ ↖

洗菜→切菜、切肉→拌馅

3. 1 路先进站,然后 3 路进站,最后 5 路进站

4. 先将鸡带过河,然后再将狗(或青菜)带过河,返回时将鸡带回,再将青菜(或狗)带过河,最后将鸡带过河

5. 丙车—乙车—甲车

6.

淘米 ⟶ 做米饭 ⟶ 开饭

└→ 杀鱼、洗鱼 ⟶ 烧鱼 ↑

第八单元 总复习

第一节 多位数的认识

考题天天练

【P_{174}】一、1. 十万 一万 2. 万

3. 55555(答案不唯一)

3. 284000000 28400 3 4. 十 一 千万 一千万 百亿 3 个 一百亿

【P_{175}】二、< = >

三、1. × 2. √ 3. √ 4. × 5. × 6. √ 7. ×

四、1. B 2. A 3. A 4. C

【P_{176}】五、1. (1)三亿一千二百四十万零五十

(2)九千三百二十亿零九百六十万

(3)六亿零三百五十万零四百

2. (1)450000087

(2)300303000300

(3)90800090

六、1. 666600000(答案不唯一)

2. 666060000 3. 606060600(答案不唯一)

新题精练台

【P_{177}】一、100 1100 11100

12345×9-5=111100

123456×9-4=1111100

二、不能比较,近似数 20 亿可能比 20 亿大,也可能比 20 亿小

三、最大数是 4321,最小数是 1234

第二节 乘法和除法

考题天天练

【P_{181}】一、1. 80 42 80 42 2. 2000 三 五 12888

3.
$$\begin{array}{r} 112 \\ \times\ \ 16 \\ \hline 672 \\ 112\ \ \\ \hline 1792 \end{array}$$

(1)192　(2)1600　(3)3712

4. 20　两　50　一

5. (1)3　560　9　(2)126　9　441　25

【P_{182}】二、1. √　2. ×　3. √　4. ×　5. √　6. ×　7. √

三、1. 1900　3210　2180　7000　4050　5900　10120　500

2. 16170　10542　8　12

【P_{183}】四、1. (1)60×3=180(千米)

(2)180÷2=90(千米)

2. 84÷12=7(页)

23×7=161(页)

3. 370÷42=8(辆)……34(个)

新题精练台

【P_{184}】一、360−180=120(千克)

油重:120×2=240(千克)

桶重:300−240=60(千克)

二、6000−5100=900(千克)

900÷36=25(筐)

三、50×3=150(岁)　43×2=86(岁)

150−86=64(岁)

第三节　空间与图形

考题天天练

【P_{189}】一、自己画一画

【P_{191}】二、自己量一量,说一说

三、
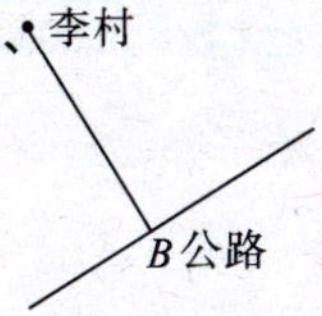

如图所示,车站设在 B 处距李村最近

新题精练台

【P_{192}】一、第①条路最短,因为两点之间直线最短

二、9 个平行四边形　5 个梯形

三、自己画一画

第四节　统　计

考题天天练

【P_{195}】一、1. (1)四　六　(2)六　四

(3)560　581　(4)21

2. (1)一　四　(2)一　四

(3)200　(4)三

【P_{196}】二、14　25　18　12　30　20 从上到下　自己完成统计图

1. 辛雨家　2. 第 2 个月

3. 自己提出问题并解答

新题精练台

【P_{197}】一、1. 2　4　6　8　2. 自己完成

【P_{198}】二、1. 100 名　2. 超重学生逐年增加(自己说一说)

三、自己做一做

第八单元测试

【P_{199}】一、1. 四十二亿六千五百四十八万　426548 万　43 亿　2. 两　一

3. 锐　2　2　4. 平行四边形

5. 无数　无数　6. 60504000

6050　7. >　=　<

8. 25200

二、4800　12　5400　12　15　850

5　720

三、自己画一画

【P200】四、6300　7……37　7280

10……2　12　7200

【P201】五、12　5　8　8000　2400　8

六、1. 800×60 = 48000(米)

48000 米 = 48 千米

288÷48 = 6(小时)

2. 120×60 = 7200(厘米)

7200 厘米 = 72 米

3. 108×4 = 432(袋)

432×25 = 10800(千克)

4. 48×4 = 192(页)

224−192 = 32(页)

5. 190+18 = 208(个)

208÷26 = 8(个)

6. 624÷8 = 78(千克)

8+4 = 12(箱)

78×12 = 936(千克)

期末测试

【P203】一、1. 306000703　九　亿　2. 十万

千　3. (1)7 千万　4 千万

(2)37 亿　100 亿

4. 100000000　5. 梯形　6. 140

米/分　7. <　<　>　=

8. 40　两　9. 125°　55°

125°　10. 射线　11. 72　510

12. 23　扩大到它的 5 倍

【P204】二、1. √　2. ×　3. √　4. ×　5. ×

三、1. B　2. A　3. C　4. B

四、1. 70　720　8　6　70　96　7

12　2. 24000　20　6　1600

3. 27300　23432　24800

21……23　18(自己验算)

【P205】五、自己画一画

【P206】六、1. (1)40　720　(2)4　240

(3)1　120　2. 自己完成统计图

【P207】七、1. 148×25 = 3700(米)

2. 260 ÷ 38 = 6(箱)…… 32(千克)

3. 240÷4 = 60(千米)

22×60 = 1320(千米)

4. 900−360 = 540(元)

540÷18 = 30(元)

5. 21×5 = 105(元)

5+2 = 7(副)

105÷7 = 15(元)

21−15 = 6(元)

【P208】附加题：200×5 = 1000(克)

附　录

课本习题答案

第一单元　大数的认识

【P_4】(做一做)

1. 九十六万　九十七万　九十八万　九十九万　一百万　一百零一万　一百零二万　一百零三万　七十万　八十万　九十万　一百万　八千万　九千万　一亿　2. 某所大学的学生人数,某学校图书馆藏书数量等。

【P_5】(做一做)

五百六十九万　二万四千六百　七十万八千

【P_7】(做一做)

千万位	百万位	十万位	万位	千位	百位	十位	个位
	3	2	6	7	5	0	0
			4	0	0	9	0
9	0	2	0	0	3	0	0
	1	0	0	0	0	0	0

【P_8】(练习一)

1. 自己做数位顺序表　第三位　第五位　千位　十万位　2. 三十四和三十四万　三千零四和三千零四万　三百四十和三百四十万　三千零四十和三千零四十万　3. 先分级,比较容易读。三万二千六百八十　一百六十四万五千八百　五百二十万五千　四十七万零五十　三百零七万零八百　三千零六十万零九百十万七千零七十　一百二十万零六百零五　一亿

【P_9】4. 四十四万　一百万　七十二万　六百七十万　5. 一千三百八十一万九千　二百六十一万六千三百　八千三百二十九万零九百三十五　九千二百五十六万　一千九百二十五万　三千六百八十九万　十二亿九千五百三十三万

6. 851000　260400　60800070

【P_{10}】7. 3602000　540370　68920　46410000　100005　10500030

8. 42000000　40075700　125000　1700000　491300

【P_{11}】9. (1)4853000　(2)60090500　(3)80000040　10. 自己和同桌配合完成,相信你们一定行

11. 299800　97908300　20000

【P_{12}】12.

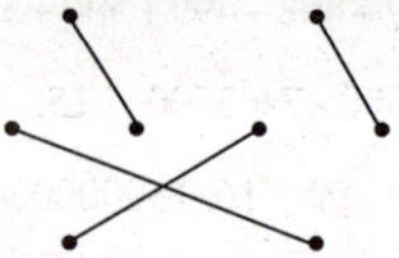

13. 和爸爸妈妈收集信息，和同学们交流。 14. 48320000 28587 7035000

142950 60123 37000040 15. 卖冰棍阿姨和第二个小男孩的说法不合理。 16. 1023040 1023400 1234000 1020304（此题答案不唯一）

【P_{13}】（做一一做）

< < > >

【P_{14}】（做一做）

1. 110 万 72 万 121 万 166 万

2. (1)25 万 320 万 758 万

(2)32 万 (3)240 万

【P_{15}】（做一做）

1843500 1844000 1840000

【P_{16}】（练习二）

1. < > < > 2. 40005<50500<55000<500500

3. 2 87 14 632 44 1750 106 ⑦ ④ ⑥ ② ⑤ ① ③

【P_{17}】4. 近似数：约 140 厘米、700 多人、8800 多米、9000 多米

准确数：35 千克、56 人 5. 1674 9079 4677 6440 4489 4288

自己到互联网上查一查吧

【P_{18}】6. < > < < 7. 按到太阳从远到近的顺序依次填：海王星 天王星 土星 木星、火星、地球、金星、水星 22794 287099 14960 10820 5791 77833 450400 142940 8. (1)200184 20 万

(2)19056 2 万

【P_{21}】（做一做）

九十二亿 二百六十七亿零五百万 五千零八十亿四千万 三亿零二十万

【P_{22}】（做一做）

1. 2500000000 500407000000

2. 460 10

【P_{26}】（做一做）

和同学们一起做一做

【P_{27}】（做一做）

12 123 1234 12345 123456 1234567 12345678 123456789

【P_{28}】（练习三）

1. 万位 亿位 千亿位 2. 和同桌一起完成 3. (1)六十五 六十

五万　六十五亿　(2)四千零七十五　四千零七十五万　四千零七十五亿　(3)三千五百　三千五百万　三千五百亿　4. 二亿零六百四十一万　一亿一千零四十万三千零六十　六百零七亿零二百零一万　六亿二千五百万　二十亿八千万　三千零九十亿零五十万　5.(1)一亿四千九百六十万　(2)一亿三千五百四十七万九千六百　(3)一亿四千九百万

【P_{29}】6. 240000000　84093000000　506200000　60420000000　3080050000　206000090000　7. 1000000000　362000000　45000000000　25000000　8.(1)3000300030　(2)10701070107　(3)920092009200　9. 999999999　1000000000

【P_{30}】10. 106 亿　5030 亿　72 亿　53 亿　497 亿　269 亿　11. 412　354　85　741　3465　53　12. 435 元　330 元　580 元　1345 元　13. 142857　285714　428571　571428　714285　857142　1　121　12321　1234321　123454321　12345654321

【P_{31}】14. $497+498+499+500+501+502+503=500\times7=3500$　15. 自己写一写,读一读　16. 150000000　10540200000　2603000000　765000580000　17. 499700000　5 亿　208960000　2 亿　5983000000　60 亿　62940000000　629 亿　18. <　<

【P_{32}】19. 不合理　和不可能比加数小;差不可能比被减数大;积的个位应是0;商应是两位数。

第二单元　角的度量

【P_{36}】(做一做)

1. 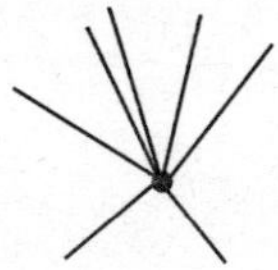　无数条

2. 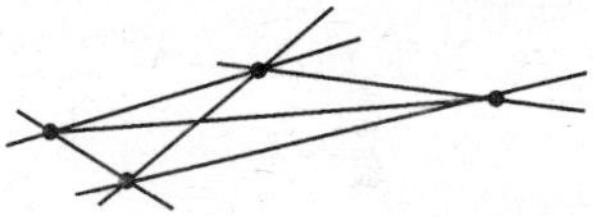

发现:(1)经过一点可以画无数条直线。　(2)经过两点只能画一条直线。

【P_{38}】(做一做)

1. 自己观察一下　2. ∠1=55°　∠2=55°　∠3=110°　∠4=36°　∠5=108°　3. 自己估一估　45°　45°　90°;　30°　60°　90°

【P_{39}】(练习四)

1. 直线:(1)(6)　射线:(3)(4)

(5) 线段:(2)(7) 2.3 个 8 个 3.2 时 60° 3 时 90° 4 时 120° 5 时 150° 4. 自己估一估 35° 135° 90°

【P_{40}】5.

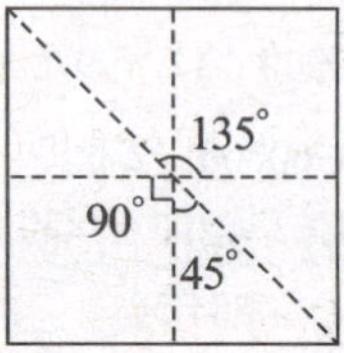

6. 自己拼一拼,分别用下面度数拼:45°和 30° 45°和 60° 90°和 30° 90°和 45° 90°和 60° 90°和 90° 7. ∠1 = 155° ∠2 = 25° ∠3 = 155° ∠4 = 25° 发现∠1 = ∠3 ∠2 = ∠4 ∠1+∠4 = ∠1+∠2 = ∠2+∠3 = ∠3+∠4 = 180° 8.1 个 3 个 6 个

自己总结一下规律。

【P_{42}】(做一做)

1. 钝角 直角 平角 锐角

2. 自己用量角器画一画

【P_{43}】(练习五)

1. 自己估一估 45° 150° 60°

2. 自己画一画 锐角 锐角 锐角 直角 钝角 钝角 3. 自己完成,相信你能行 4. (1) 110° (2)140° 40° 140°

【P_{44}】5. (1)

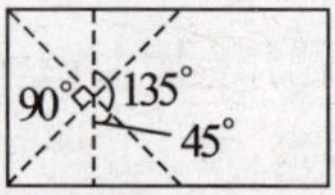

(2)

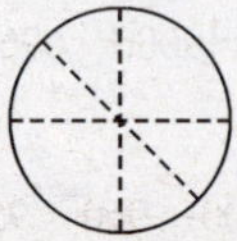

45° 90° 135°

…(自己再找一找) 6. 自己画一画,用下面度数拼:45°-30° 45°+30° 90°+60° 90°+45°+30°

7. 相等

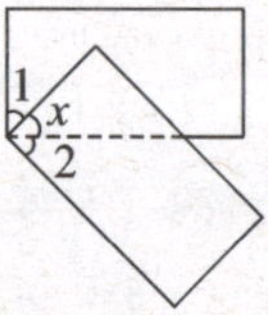

因为∠1+∠3 = ∠2+∠3 = 90°

所以∠1 = ∠2

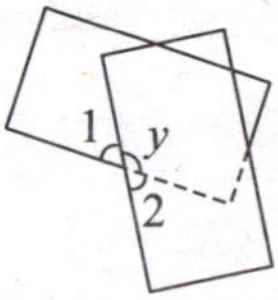

因为∠1+∠3 = ∠2+∠3 = 180°

所以∠1 = ∠2

第三单元 三位数乘两位数

【P_{46}】(做一做)

72 72 50 84 650 760 900 91

【P_{47}】(练习六)

1.

2.680 个 3. 共有 3 种买法:买 3 份 18 元的,剩 6 元;买 2 份 21 元的和 1 份 18 元的,钱刚好;买 1 份 21 元的和 2 份 18 元的,剩 3 元。

4.70 95 750 840 920 980 80 85 54 78 840 700

【P_{48}】5.24 48 96 240 720 960

发现了一个因数不变,另一个因数

扩大到原来的几倍,积也扩大到原来的几倍(两个因数均不为0)

6. 24×4=96(元) 96<100 钱够

7. 16÷4=4(元) 提示:买4棵少收16元,则平均每棵少收4元钱

8. 130 5 235 4

(思考题)

(部分答案不唯一)

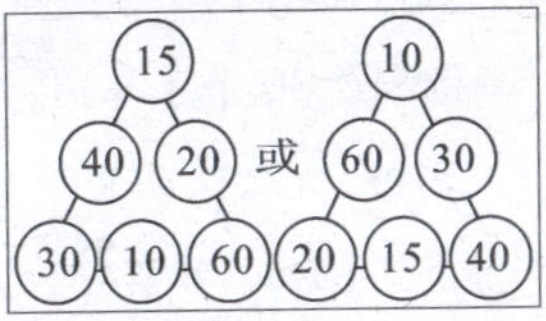

【P_{49}】**(做一做)**

1608 8272 15300 19434

【P_{50}】**(练习七)**

1. 7728 3915 8827 10010

2. 6726 分钟 短些 3. 5248

18011 7830 5977 9144 8200

自己验算

4. (1)3968 吨 (2)10540 吨

【P_{51}】5. 144×15=2160(本)

2160+40=2200(本) 6. 9052

9890 8064 4284 3834 8554

7.
$$\begin{array}{r} 134 \\ \times\quad 16 \\ \hline 804 \\ 134 \\ \hline 2144 \end{array}$$

134乘16中的"1"的积的个位应和十位对齐!

$$\begin{array}{r} 152 \\ \times\quad 23 \\ \hline 456 \\ 304 \\ \hline 3496 \end{array}$$

152×3时忘乘100×3了,还有152×20时,忘乘100×20了。

$$\begin{array}{r} 246 \\ \times\quad 34 \\ \hline 984 \\ 738 \\ \hline 8364 \end{array}$$

246×4时,忘记加6×4的"2"了,246×30时,忘记加40×30的"1"了。

8. (1)辣椒:4584元

西红柿:1890元

袖珍南瓜:2190元 (2)8664元

(3)自己说一说

【P_{52}】9. 429元 10. 1454

11. 3种 买15台128元的电话机,剩1080元;买15台158元的电话机,剩630元;买15台198元的电话机,剩30元; 12. 143 396 770 990

提示:$13\times11=\boxed{1}\boxed{1+3}\boxed{3}=143$

$12\times33=36\times11=\boxed{3}\boxed{3+6}\boxed{6}=396$

13. 1331 1474 1738 1837

$121\times11=\boxed{1}\boxed{1+2}\boxed{2+1}\boxed{1}=1331$

$134\times11=\boxed{1}\boxed{1+3}\boxed{3+4}\boxed{4}=1474$

$158\times11=\boxed{1}\boxed{1+5}\boxed{5+8}\boxed{8}=\boxed{1}\boxed{6}\boxed{13}\boxed{8}=1738$ $167\times11=\boxed{1}\boxed{1+6}\boxed{6+7}\boxed{7}=\boxed{1}\boxed{7}\boxed{13}\boxed{7}=1837$

【P_{53}】**(做一做)**

8800 9600 9000 6960

【P_{55}】**(练习八)**

1. 4500 3200 960 950 9800

9000　840　750

2. 390×13＝5070　305×50＝15250

240×22＝5280　208×30＝6240

180×50＝9000　290×20＝5800

460×70＝32200　206×40＝8240

3. 9720 分钟

4. 350×20＝7000(千克)＝7 吨

7 吨>5 吨　不够

【P_{56}】5. (1)110 千米/时　(2)500 米/分

(3)340 米/秒　6. 1800 米

7. ＝　<　>　>　8. (1)120 千米

(2)60 千米/时

【P_{57}】9. 160 千米　10. 共有 72 个,自己写出几个即可。　430×52 或 520×43 的乘积最大

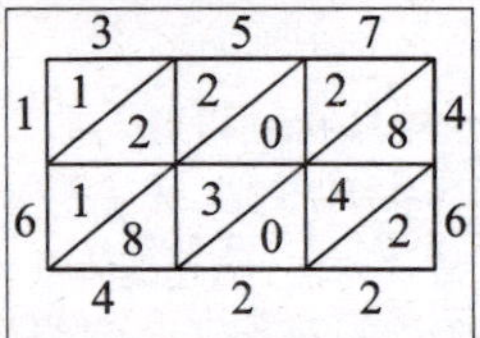

357×46＝16422

【P_{58}】(做一做)

800　1600　200

【P_{59}】(练习九)

1. 160　320　2. 1680 平方米

3. 1088　544　1360　816　1632

4. 30 元　5. 432　432　两个不为 0 的因数相乘,其中一个因数乘(或除以)一个不为 0 的数,另一个因数除以(或乘)同一个不为 0 的数,积不变。

【P_{60}】(做一做)

大约 8400 桶(答案不唯一)

【P_{61}】(练习十)

1. (答案不唯一)(1)600　(2)110　(3)700　(4)1300　2. 150 米(答案不唯一)　3. 12000 名(答案不唯一)　4. 不能

【P_{62}】5. 一行大约 30 个字,一共大约有这样 12 行,所以这篇文章大约有 360 个字。(方法、答案均不唯一)

6. 和同伴一起完成。　7. 51　750　380　500　92　48　30　84　778　705　720　640

【P_{63}】8. 17700　7680　32200　11340　9407　13600　自己用计算器检验　9. 252　2520　25200

10. 158　1580　15800　720　720　72000　900　2700　1800

11. 12170 千克(答案不唯一)

提示:30 天就是 10 个 3 天。

12.
$$\begin{array}{r}203\\ \times\ 16\\ \hline 1218\\ 203\ \\ \hline 3248\end{array}\text{或}\begin{array}{r}203\\ \times\ 26\\ \hline 1218\\ 406\ \\ \hline 5278\end{array}\text{或}$$

$$\begin{array}{r}203\\ \times\ 36\\ \hline 1218\\ 609\ \\ \hline 7308\end{array}\text{或}\begin{array}{r}203\\ \times\ 46\\ \hline 1218\\ 812\ \\ \hline 9338\end{array}$$

第四单元　平行四边形和梯形

【P_{65}】(做一做)

1. 黑板面的两条长边(或短边)互相平行等等　黑板面的长边和短边互相垂直等等

2. 自己摆一摆　(1)互相平行

(2)两种情况:互相平行(同一平面内)　互相垂直(不同平面内)

提示:墙角的3条线两两互相垂直

【P_{68}】(练习十一)

1. 第二组互相平行　第三组互相垂直

2. 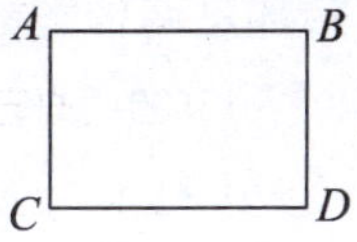

AB和CD互相平行　AC和BD互相平行

AB和AC、BD互相垂直

CD和AC、BD互相垂直

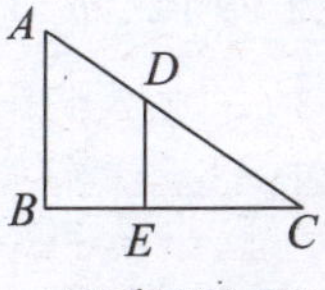

AB和DE互相平行

AB和BE、EC、BC互相垂直

DE和BE、EC、BC互相垂直

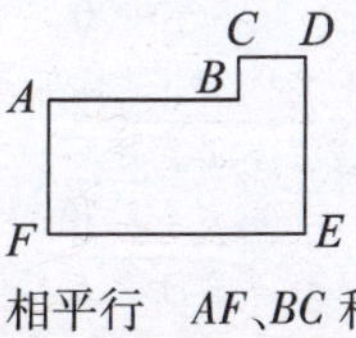

AB、CD和EF互相平行　AF、BC和DE互相平行

BC和AB互相垂直　CD和BC互相垂直　CD和DE互相垂直　AB和AF互相垂直　AF和FE互相垂直　DE和EF互相垂直

3. 自己折一折

4. (1)

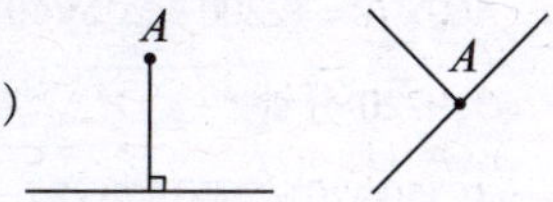

(2)

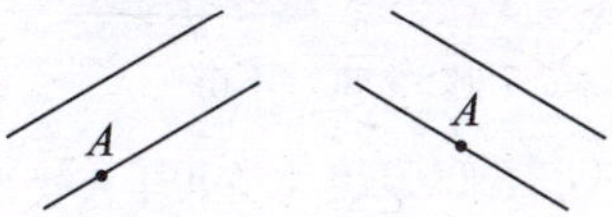

(3)自己画一画

【P_{69}】5. 拉线要和起跳线垂直,拉线要拉直,自己说一说原因。

6. 幸福镇

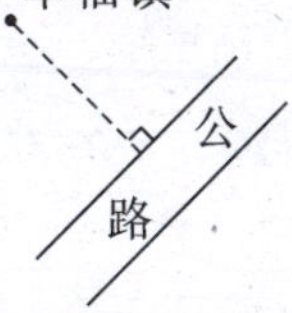

7. 正方形对角线互相垂直

8. 把量角器底边和直线重合,在它的中心和90°刻度线上各点一个点,连接这两点,所画的直线就和原直线垂直。

【P_{72}】(做一做)

1. 伸缩门等

2. 自己画一画

【P_{73}】(练习十二)

1.

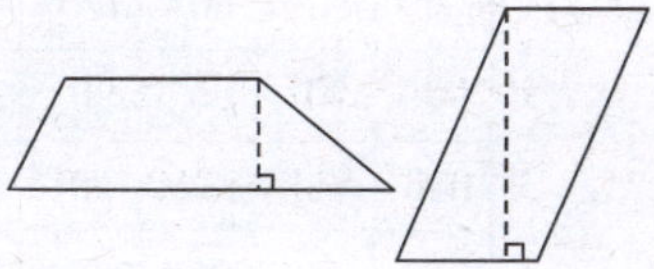

梯形　　平行四边形

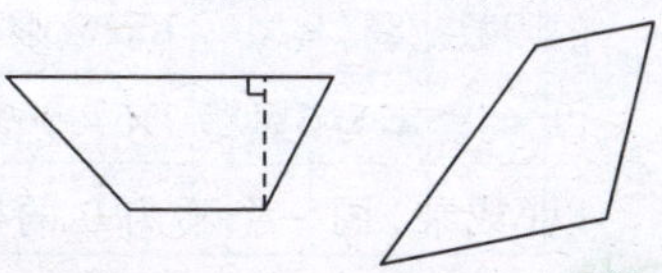

梯形

2. 自己画一画

3. (1)

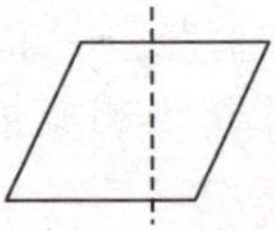

(2)

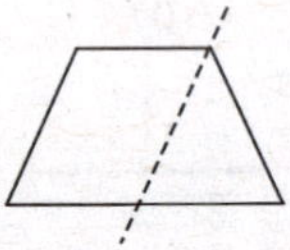

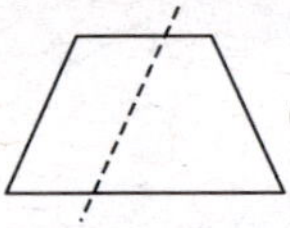

(以上画法不唯一)

另一个可能是三角形也可能是梯形

【P_{74}】4. 自己画一画，这两条垂线互相平行。

5.

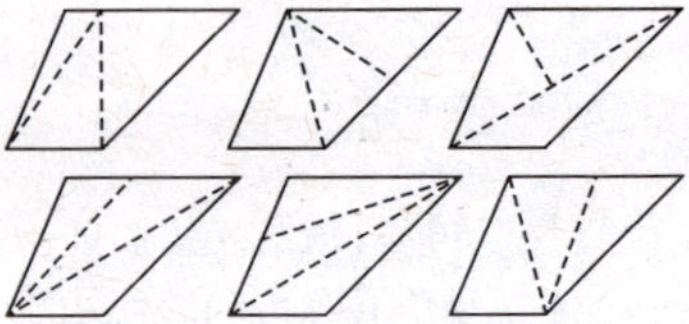

(答案不唯一)

6. 自己拼一拼　7. (1)√　(2)×　(3)√　(4)√

【P_{75}】8. ①　③　④　⑥　⑧是对称的

9.

90°	90°	90°	90°	360°
120°	60°	120°	60°	360°
120°	60°	60°	120°	360°
90°	90°	90°	90°	360°
105°	75°	130°	50°	360°
95°	85°	95°	85°	360°
90°	85°	35°	150°	360°
65°	115°	65°	115°	360°
…				360°

能，任意一个四边形的四个内角之和等于 360°

【P_{76}】10. 自己画一画

11.

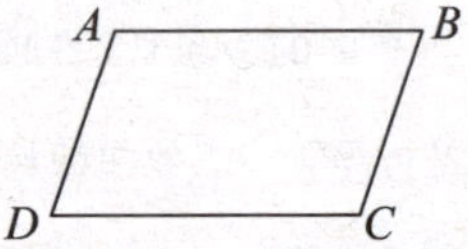

$\angle A=\angle C=110°$　$\angle B=\angle D=70°$

$\angle A+\angle B=\angle B+\angle C=\angle C+\angle D=\angle A+\angle D=180°$　平行四边形对角相等，相邻两角之和是 180°。

12. (1)4 个平行四边形　2 个梯形

(2)5 个平行四边形　7 个梯形

对角线相互垂直、平分、对角相等

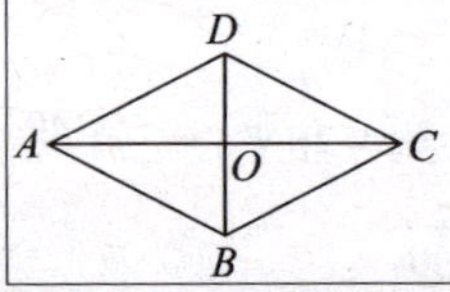

第五单元　除数是两位数的除法

【P_{79}】(做一做)

3　3　3　3　2　2(竖排排列)

(做一做)

6　6　6　6　7　7(竖排排列)

【P_{80}】(练习十三)

1. 60　240　400　3　4　5　2. 8 包

3. 4 次　4. 3　2　9　2　7　3

5. 4 个月

【P_{81}】(做一做)

```
    3              2
10)3 0         20)4 0
   3 0            4 0
     0              0

    2              2
30)6 4         40)8 5
   6 0            8 0
     4              5
```

【P_{82}】(做一做)

1.

```
      7              5
20)1 4 0       50)2 8 0
   1 4 0          2 5 0
       0            3 0

      7
80)5 6 5
   5 6 0
       5
```

2.

```
     2            5
40)8 0       60)3 0 0
   8 0          3 0 0
     0              0

      9            5           2
30)2 7 0     70)3 5 0     40)8 3
   2 7 0        3 5 0        8 0
       0            0          3

      5            9            5
60)3 1 2     30)2 7 3     70)3 6 4
   3 0 0        2 7 0        3 5 0
     1 2            3          1 4
```

【P_{83}】(练习十四)

1.7　3……12　5……30　3……18

2……37　9……4

2.

```
          7                 4
×  50)3 7 0     ×  80)3 4 0
      3 5 0           3 2 0
        2 0             2 0

          9
×  20)1 8 0
      1 8 0
          0
```

3.2 个　还剩 15 元　4.3 天　还剩 10 千克　5.500÷60=8(节)……20(吨)

用进一法　需要 9 节车厢才能装完

【P_{84}】(做一做)

1.

```
     3              4
23)6 9       81)3 2 4
   6 9          3 2 4
     0              0

      3
72)2 4 5
   2 1 6
     2 9
```

2.

```
     3              5
29)9 0       37)1 8 5
   8 7          1 8 5
     3              0

      4
68)2 7 2
   2 7 2
       0
```

【P_{85}】(做一做)

```
     6            8            4
16)9 6     25)2 0 0     26)1 0 4
   9 6        2 0 0        1 0 4
     0            0            0
```

自己说一说

【P_{86}】(练习十五)

1.4　7　2　8　3　7　9　6

2.2　4　6　6

3.

```
          8                 5
×  72)6 3 8     ×  53)3 1 6
      5 7 6           2 6 5
        6 2             5 1
```

4.72÷12=6(年)

【P_{87}】5.121÷17=7……2

```
      7
17)1 2 1
   1 1 9
       2
```

342÷57=6

```
      6
57)3 4 2
   3 4 2
       0
```

420÷58=7……14

```
      7
58)4 2 0
   4 0 6
     1 4
```

200÷49=4……4

```
      4
49)2 0 0
   1 9 6
       4
```

401÷79=5……6

```
      5
79)4 0 1
   3 9 5
       6
```

84÷28=3

```
    3
28)8 4
   8 4
     0
```

6.(1)8 箱　剩 16 千克　(2)160 千克　7.7 行　剩 4 棵　8.7 块

【P_{88}】9.

```
      9              9
17)1 6 3     42)4 0 4
   1 5 3        3 7 8
     1 0          2 6
```

```
      9              8
22)2 0 7     39)3 1 2
   1 9 8        3 1 2
       9            0
```

10.6 件　11.8 天　剩 4 粒

12.7 件　剩 9 元

【P_{90}】(练习十六)

1.

```
    1 3                7
16)2 1 7      79)1 7 8
   1 6           1 7 5
     5 7             3
     4 8
       9
```

```
    1 5
25)3 9 3
   2 5
   1 4 3
   1 2 5
     1 8
```

2. 一位数　一位数　两位数　一位数　一位数　两位数　一位数　两位数　3.8　11　12　14　自己提问题，合理即可，答案不唯一　4.11 倍

【P_{91}】5. 一位数　两位数　一位数　两位数　6. 一位数　6　两位数　13　两位数　30　一位数　7　一位数　7　两位数　23　一位数　9　两位数　16　7.6 小时　4 小时　3 小时　8.40 元

【P_{92}】9.6……3　7……13　9　8　8……20　6……19　6……8　8……22　10.9 倍

自己提问题并解答，合理即可，答案

不唯一 11. 125÷38＝3……11（可填1、2、3） 696÷82＝8……40（可填1～7） 276÷27＝10……6（可填2～9） 704÷64＝11（可填7、8、9）

12. 9名

13. 估算结果：140 60 70 7 20 8 准确商：139……5 59……6 70……7 6……29 21……23 9

【P_{94}】（练习十七）

1. 56 816 15 2. 51 1792 8

3. 900千克

4. 8 8 8 12 12 12 20 20 20

【P_{95}】5. 4 7 12 4 9 8 27 6. √ √

（思考题）

840242

【P_{96}】（整理和复习）

1. （1）平均每户用水量：11 14 11 总计：54 648 12 （2）1296元 除法、加法、乘法

2.
```
        1 7              1 3
  50)8 5 0        700)9 1 0 0
     5                7
     3 5              2 1
     3 5              2 1
       0                0
```

根据商的变化规律，被除数和除数同时乘或除以相同的数（0除外），商不变。

【P_{97}】（练习十八）

1. 和小组同学一块做一做

2. 15 12 21 3. 13 11 7 17 8 27 4 24 13

【P_{98}】4. （1）除数乘10 （2）被除数除以3 （3）4 4 5. （1）9个 （2）8个 自己提问题并解答，合理即可，答案不唯一 6. 125元

（思考题）

```
        4 [7]
  ×   [4]  9
  -----------
    [4][2][3]
  1 [8][8]
  -----------
  2  3  0  3
```

```
                 [9][5]
  2[1])[1][9] 9 [5]
        1  8 [9]
          [1] 0  5
          [1][0][5]
                 0
```

第六单元 统 计

【P_{101}】（做一做）

四年级课外小组男生、女生人数统计图

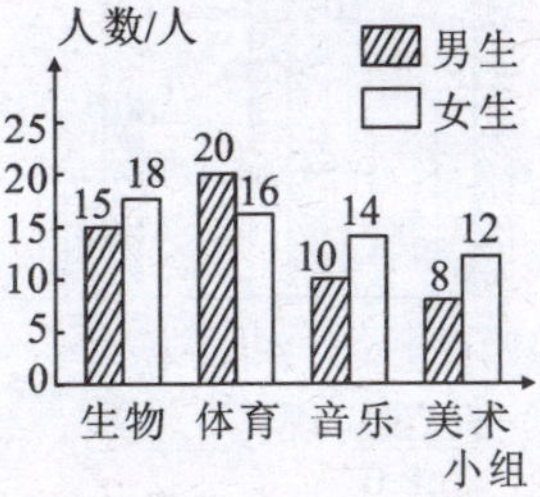

(1)体育小组　生物小组　(2)体育小组　美术小组　(3)自己完成,合理即可,答案不唯　(4)自己调查并完成,相信你是最棒的

【P_{102}】(练习十九)

1.

四年级同学喜欢的运动项目统计图

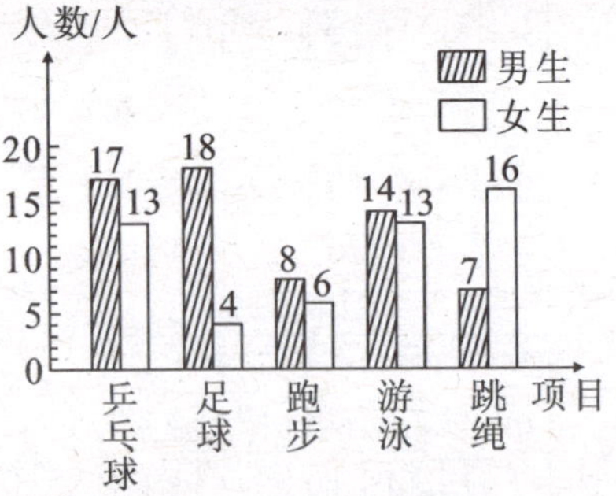

(1)足球　足球　(2)乒乓球　跑步

(3)合理即可,答案不唯一

【P_{103}】2.

甲、乙果汁饮料月销售情况统计图

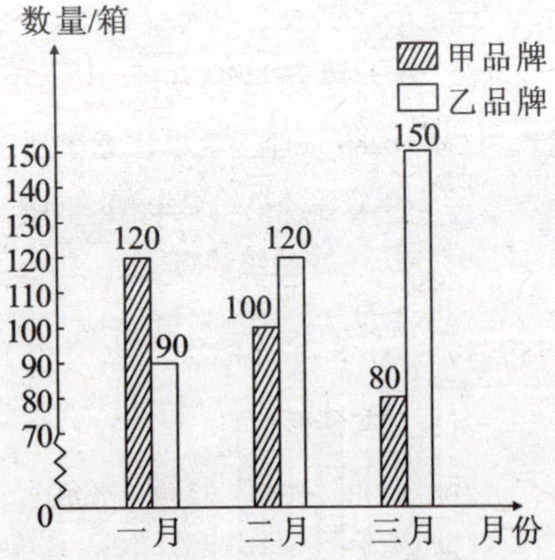

(1)自己说一说

(2)多进一些乙品牌果汁饮料

3. 自己说一说

【P_{104}】4. **某市人均寿命变化情况统计图**

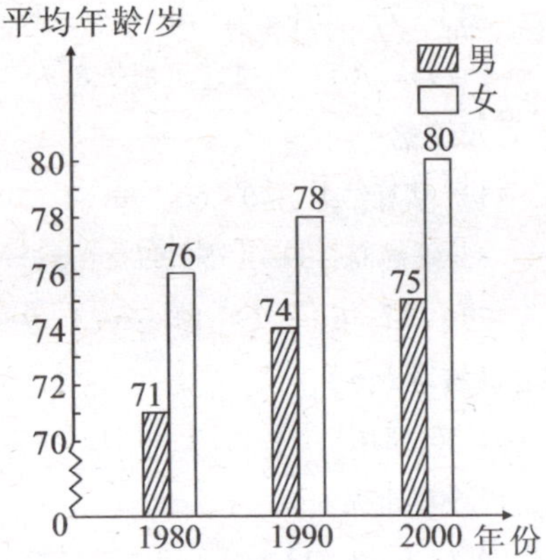

(1)人均寿命越来越长

(2)自己说一说

5. 自己完成,相信你是最棒的。

【P_{106}】(做一做)

甲、乙地区降水量统计图

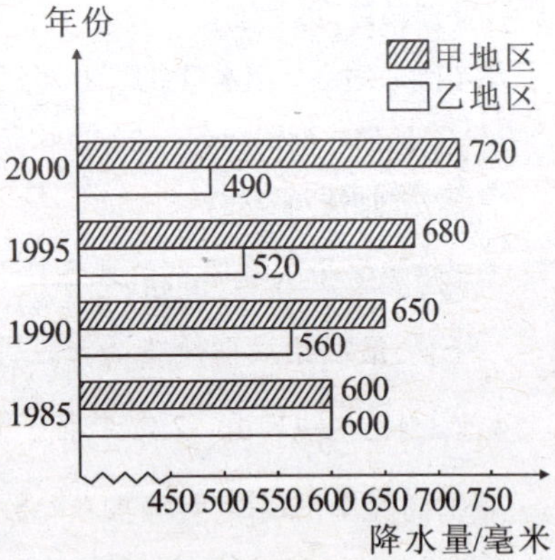

(1)600 毫米　甲地区 720 毫米

乙地区 490 毫米　(2)自己说一说

【P_{107}】(练习二十)

1. (1)24 人　(2)自己说一说

2. (1)城镇和农村居民人均住房面积逐年增加。答案不唯一,合理即可　(2)自己完成

【P_{108}】3. 自己完成统计图

(1)1999 年　2002 年　普通邮件呈递减趋势,电子邮件呈递增趋势

(2)自己提问题并自己解决

4. (1)良　(2)不及格　(3)49 人　(4)3 人

【P_{109}】5. (1)自己提问题并完成,合理即可,答案不唯一　(2)自己说一说

6. (1)自己说一说　(2)单式条形统计图等　(3)自己与同学交流一下

第七单元　数学广角

【P_{114}】(做一做)

1. 先给前两个人各炒一个菜,接下来给第一个人和第三个人各炒一个菜,最后给后两个人各炒一个菜,自己说说理由　2. 先找杯子倒开水,等开水变温的时候可以找感冒药,还可以量体温。　3. 自己和同学们交流一下

【P_{115}】(做一做)

小叶——→小亮——→小明

【P_{116}】(数学游戏)

第一次应该报 1,接下来对方如果报 1,你就报 2,对方如果报 2,你就报 1 就可以确保获胜。

第八单元　总复习

【P_{117}】(多位数的认识)

1. 自己说一说　四百二十三万一千五百七十九　三千零五万零八十二　三十九亿六千零四十万

2. 自己说一说　3030303　10504020　2007680000　3. (1) 8 万　9 万　47 万　(2) 2 亿　3256 亿

【P_{118}】4. (1)1648 万　953 万　(2)27 亿　10 亿

(乘法和除法)

5. 92　920　54　350　18　180　25　6. 3248　9120　26……15　16　34　8280　自己说说注意事项　7. 7　16　2058　(竖排) 8. 5850　5850　33　33

【P_{119}】9. 6000 千克　10. 696 千米

(空间与图形)

11. 锐角　钝角　直角　平角　周角

锐角<直角<钝角<平角<周角

1 周角 = 2 平角 = 4 直角

12.

四边形	四边相等	两组对边分别相等	有一组对边平行	两组对边分别平行	有四个角直角
正方形	√	√		√	√
长方形		√		√	√
平行四边形		√		√	
梯形			√		

长方形和正方形是特殊的平行四边形。

【P_{120}】(统计)

13. (1)41 人　六年级　(2)自己提问并解答,合理即可,答案不唯一

(思考题)

移动 7 次

1. 把最小珠子移到③号杆。

2. 把中间珠子移到②号杆。

3. 把最小珠子由③号杆移到②号杆。

4. 把最大珠子移到③号杆。

5. 把最小珠子移到①号杆。

6. 把中间珠子从②号杆移到③号杆。

7. 把最小珠子移到③号杆。

如果①号杆有 4 颗珠,照上面的移动规

则,最少要移动 15 次。自己试一试

【P_{121}】(练习二十一)

1. 三万零六百　3 万　七百零五万六千二百　706 万　一千三百八十二万　1382 万　五十万四千二百　50 万　一千二百万零九百　1200 万　四亿零六百零九万八千　40610 万

2. (1)26860300　(2)125434700

3. 320　720　24　70　90　450　80　660　450　9　210　14　180　3　3200　40　122　0　4. 5375　39　3726　自己验算

【P_{122}】5. 4　4　8　5　6. 900　3200　600 (答案不唯一)　7. (1)1000　(2)42 个　(3)15　(4)26 倍

8. 4800 只　9. 自己画一画

10. 自己画一画　11. 自己完成

【P_{123}】12. (1)AB　(2)D　(3)C　13. 自己完成统计图　(1)男生有 7 人不及格,女生有 5 人不及格

(2)自己说一说,答案不唯一

图书在版编目（CIP）数据

倍速学习法．四年级数学 / 刘增利主编．--2版．--北京：开明出版社，2010.4

ISBN 978-7-80205-504-9

Ⅰ．①倍… Ⅱ．①刘… Ⅲ．①数学课—小学—教学参考资料 Ⅳ．①G624

中国版本图书馆CIP数据核字(2010)第059147号

倍速学习法
BEISU XUEXI FA
四年级数学(上)　人教版

总主编	刘增利	**印　刷**	陕西思维印务有限公司
本册编写	师小荣	**印刷质检**	高　峰 13096935553
责任编辑	范　英	**经　销**	各地书店
封面设计	魏　晋	**开　本**	890×1240　1/32
版式设计	同雪艳	**印　张**	7.5
插图制作	张艳艳	**字　数**	150千字
责任录排	楚　婷　罗　婷	**版　次**	2010年6月第2版
图书质检	达洋洋	**印　次**	2011年6月第3次印刷
出　版	开明出版社	**定　价**	16.80元

主编邮箱:zbwxsw@126.com　**投稿邮箱**:tgwxsw@126.com
图书质量监督电话:010-88817647　**售后服务电话**:010-82553636
图书内容咨询电话:010-82378880
通信地址:北京市海淀区王庄路1号清华同方科技广场B座16层(邮编100083)
教师QQ交流群:8426522(欢迎一线老师加入,交流教学经验,共享教学资源)